나 홀로 유럽 여행

걸어서 세계속으로 나 홀로 유럽 여행
남유럽 동유럽 편

초판 1쇄 2016년 12월 15일
　　9쇄 2022년　8월 17일

지은이　KBS 〈걸어서 세계속으로〉 제작팀

발행인　주은선
펴낸곳　봄빛서원
주　소　서울시 강남구 강남대로 364, 12층 1210호
전　화　(02)556-6767
팩　스　(02)6455-6768
이메일　jes@bomvit.com
홈페이지　www.bomvit.com
페이스북　www.facebook.com/bomvitbooks
인스타그램　www.instagram.com/bomvitbooks
등　록　제2016-000192호

ISBN　979-11-958420-0-1　03980

ⓒ KBS, 2016
이 책의 출판권은 KBS미디어㈜를 통해 KBS와 저작권 계약을 맺은 봄빛서원에 있습니다.

걸어서 세계속으로

나 홀로 유럽 여행

남유럽 동유럽 편

KBS 〈걸어서 세계속으로〉 제작팀 지음

봄빛서원

사람은 피곤한 상태로 태어난다.

고로 쉬기 위해 살아간다.

－몬테네그로 속담

작은 휴식처
〈걸어서 세계속으로〉

KBS 〈걸어서 세계속으로〉가 책으로 나왔습니다.

2005년 11월 5일 영국 맨체스터를 시작으로 〈걸어서 세계속으로〉(이제는 '걸세'라는 애칭으로 더 많이 불림) 제작진은 150여 개 나라, 1,400여 개 도시를 여행했습니다.

〈걸세〉가 처음 방송될 때만 해도 시청자들의 식지 않는 사랑을 받으며 지속되리라고 생각한 사람은 많지 않았습니다. 시청자들의 눈높이는 점점 높아져만 가는데, PD 혼자 작은 카메라를 들고 촬영한 소박한 영상이 얼마나 눈길을 끌 수 있을지 장담하기 어려웠습니다.

하지만 회를 거듭할수록 〈걸세〉에 대한 관심은 점점 더 커져갔습니다. 사랑받는 이유 중의 하나는 PD 자신이 여행자의 관점으로 여행을 했기 때문인 것 같습니다. 소소하지만 소중한 여행의 경험을 담백하게 기록해나가는 애초의 기획의도가 잘 전달된 결과라고 생각합니다.

『걸어서 세계속으로 나 홀로 유럽 여행』 역시 이러한 기획의도의 연장으로 출간했습니다. 〈걸세〉 PD들이 세계를 다니며 방송에 다 담지 못한

경험과 정보를 여행을 사랑하는 독자들에게 전하고 싶었기 때문입니다.

150여 개국 여행지 중 남유럽·동유럽 편을 먼저 출간하게 되었습니다. 책에 소개된 곳을 이미 다녀온 분은 즐거운 추억을 회상하는 시간이 될 것입니다. 여행 계획을 세우고 있는 분은 떠나기 전 설렘을 느끼길 바랍니다. 당장 떠나지 못하는 분이라도 책을 통해 유럽 곳곳을 여행하는 기분을 만끽했으면 좋겠습니다.

이 책은 빡빡한 가이드북 형식이 아니기 때문에 공부해야 한다는 부담을 전혀 가질 필요가 없습니다. 언제 어디서든 편하게 읽으면서 함께 소통할 수 있는 책입니다.

오늘도 바쁜 일상, 분주한 삶의 현장에서 『걸어서 세계속으로 나 홀로 유럽 여행』이 작은 휴식처가 되기를 바랍니다.

KBS 〈걸어서 세계속으로〉 제작팀 일동

차례

서문 작은 휴식처 〈걸어서 세계속으로〉 · 6

남유럽 속으로

휴식이 있는 삶
이탈리아 / 그리스

지중해를 가다 이탈리아 남동부 폴리냐노 아 마레 외 · 17
세월의 여유를 품다 이탈리아 중부 피렌체 외 · 45
사계절의 하모니 이탈리아 북부 밀라노 외 · 67
태양과 바람의 노래 그리스 동부 아테네 외 · 89
오디세우스의 고향 그리스 서부 자킨토스 섬 외 · 115

하루를 살아도 즐겁게
스페인 / 포르투갈

지금, 여기가 천국 스페인 남부 네르하 외 · 139
가슴 뛰는 삶을 살라 스페인 북동부 바르셀로나 외 · 171

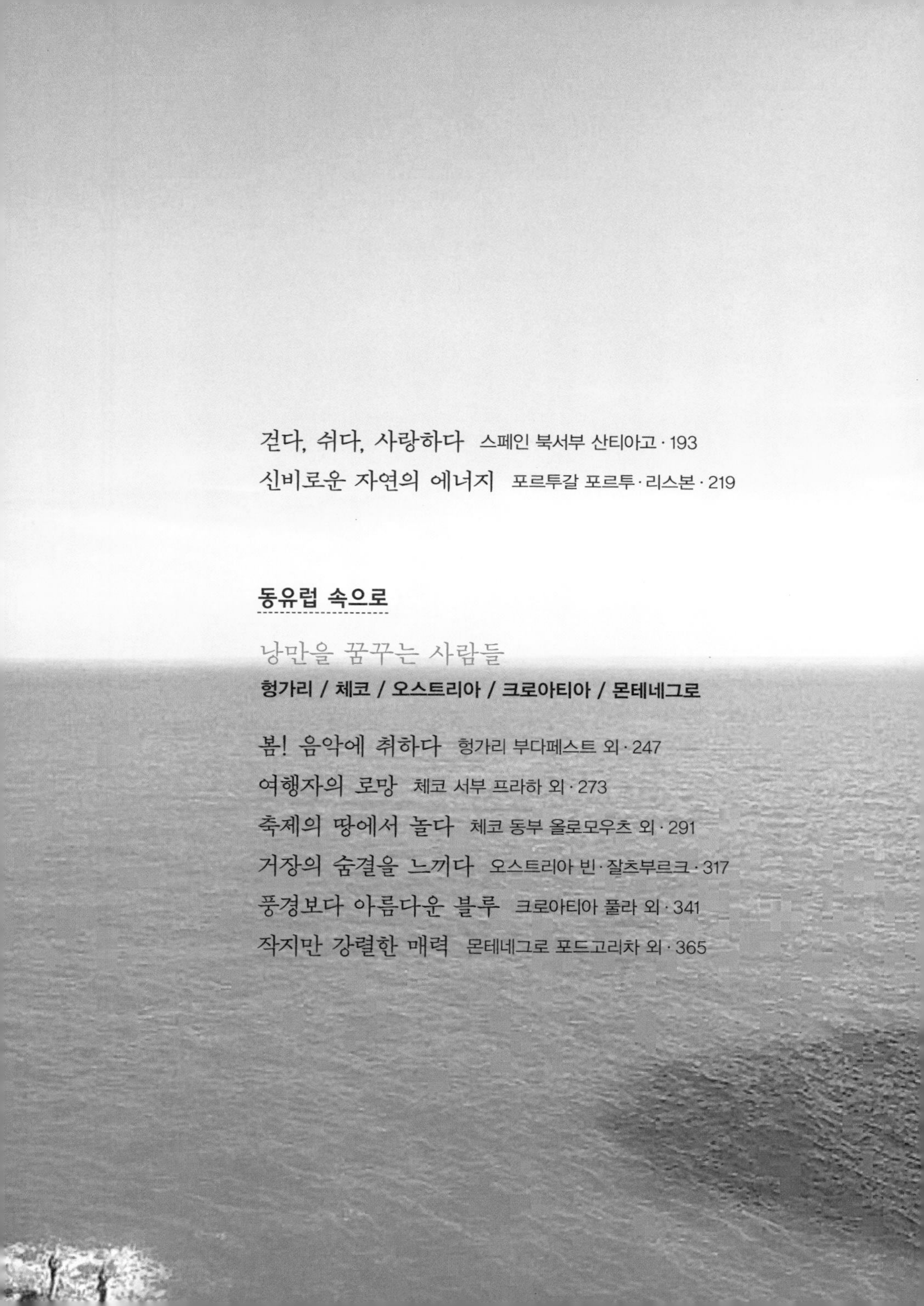

걷다, 쉬다, 사랑하다 스페인 북서부 산티아고·193
신비로운 자연의 에너지 포르투갈 포르투·리스본·219

동유럽 속으로

낭만을 꿈꾸는 사람들

헝가리 / 체코 / 오스트리아 / 크로아티아 / 몬테네그로

봄! 음악에 취하다 헝가리 부다페스트 외·247
여행자의 로망 체코 서부 프라하 외·273
축제의 땅에서 놀다 체코 동부 올로모우츠 외·291
거장의 숨결을 느끼다 오스트리아 빈·잘츠부르크·317
풍경보다 아름다운 블루 크로아티아 풀라 외·341
작지만 강렬한 매력 몬테네그로 포드고리차 외·365

갈리시아 　아스투리아스　　　밀라노
포르투　　　　　발레다오스타
　　　　　　　　　피렌체
포르투갈　　스페인　　　**이탈리아**
리스본
　　세비야　　　　　　　　　　폴리냐노 아 마레
론다　　네르하　　　　　　　소렌토　알베로벨로
미하스　　　　　카프리　　　　　　　그리스　　아테네
말라가　　　　　아말피
바르셀로나　　　　　코르푸 섬　　　　　　　미코노스 섬
　　　　　　　　　　　　자킨토스 섬　　　산토리니 섬

남유럽
속으로

Southern
Europe

휴식이 있는 삶

이탈리아 / 그리스

지중해를 가다: 이탈리아 남동부 폴리냐노 아 마레 외

세월의 여유를 품다: 이탈리아 중부 피렌체 외

사계절의 하모니: 이탈리아 북부 밀라노 외

태양과 바람의 노래: 그리스 동부 아테네 외

오디세우스의 고향: 그리스 서부 자킨토스 섬 외

따뜻한 정과 미소가 매력적인 사람들이 사는 곳, 지중해로 떠난다.
시간에 쫓기지 않고 느긋하게 삶의 여유를 즐기는 그들의 모습에서
느리게 산다는 것의 의미를 되새겨본다.

지중해를 가다

이탈리아 남동부 폴리냐노 아 마레 외

에메랄드 빛
바다를 품은 도시

로마에서 기차로 4시간을 달리면 풀리아 주의 수도 바리에 도착한다. 바리에서 40분 거리에 에메랄드 빛 바다를 품고 있는 도시 폴리냐노 아 마레가 있다.

낯선 이름만큼 묘한 설렘을 주는 폴리냐노 아 마레는 '부츠' 모양의 이탈리아 지도에서 뒷굽 쪽에 위치한 작은 해변 휴양지다. 과거에는 로마 귀족들의 휴양지였으며 지금은 유럽인들이 많이 찾는 인기 휴양지가 되었다. 2만 명이 채 되지 않는 마을 사람들은 대부분 관광업, 농업, 어업에 종사하고 있다. 깎아지른 절벽 위에 조성되어 아드리아 해를 한눈에 조망할 수 있는데 파도소리와 맑게 일렁이는 아름다운 바다가 일품이다.

지중해의 시원한 바닷바람을 맞으며 마을을 대표하는 보물을 찾아나섰다. 구시가지

폴리냐노 아 마레
Polignano a Mare

동굴이 있는 절벽 위에
자리한 휴양도시
인구: 약 1만 6천 명
면적: 67km²

도메니코 모두뇨의 동상

오른쪽에 바다를 등진 채 하늘을 향해 두 팔을 벌린 한 동상이 눈에 띈다. 동상 앞은 사진 찍는 사람들로 북적인다. 누구의 동상이기에 사람들이 이토록 친근한 반응을 보일까? 한 관광객에게 그가 누군지 물어보니, 대답 대신 노래를 불러준다. 우리에게도 친숙한 노래 〈볼라레 Volare('날다'라는 뜻)〉를 부른 이탈리아의 칸초네 가수 도메니코 모두뇨 Domenico Modugno의 동상이다. 왜 그가 날고 싶었는지, 어떻게 이런 명곡을 구상할 수 있었는지 그의 고향에 와보니 절로 고개가 끄덕여진다.

폴리냐노 아 마레에는 도시 중간에 위치한 작고 예쁜 칼라 포르토 해변이 있다. 바다를 담아내기 위해 마치 일부러 길을 낸 것처럼 절벽과 절벽 사이에 위치한 해변의 겉모습은 작고 앙증맞다. 해변은 모래

칼라 포르토 해변

가 아닌 자갈로 이루어져 있는데 파도와 자갈이 부딪히는 소리가 여유롭고 한가롭다. 여름에는 선탠과 수영, 다이빙을 즐길 수 있어 발 디딜 틈이 없을 정도라고 한다. 바다는 말 그대로 에메랄드 빛이다. 수심이 무려 20m가 넘지만 속이 훤히 들여다보일 만큼 맑고 아름답다. 보는 것만으로도 힐링이 된다는 말이 절로 떠오른다.

　이탈리아 남부 풀리아 주가 자랑하는 또 다른 보물을 찾아나선다. 폴리냐노 아 마레에서 20분 거리에 있는 카스텔라나 그로테다. 이곳에 독특한 빛깔과 다양한 모양을 자랑하는 세계적인 동굴인 카스텔라나가 있다. 이 동굴은 약 9,100만 년 전에 형성된 카르스트 지형의 석회암 동굴이다. 동굴 입구에 도착해 지하로 60m 뻗은 좁다란 길을 따라

카스텔라나 동굴

내려갔다. 길의 끝에 다다르니 영화에서나 나올 법한 신비로운 광경이
펼쳐진다. 석순 1cm가 자라는 데 80여 년이 걸리는데 몇 백만 년이
된 것들도 셀 수 없이 많다. 자연과 시간이 빚어낸 웅장한 예술품에 입
이 다물어지지 않는다.

유럽인들에게 인기 관광명소인 카스텔라나 동굴은 1938년 동굴학자
인 프랑코 아넬리에 의해 처음 발견됐다. 이후 1,700만 명 이상이 다녀
갔다고 한다. 동굴에는 지름 60m의 구멍이 있는데 발견 전에는 '지옥
의 입'이라고 불렸다. 이 구멍으로 가끔씩 자연적으로 발생하는 연기
가 피어오르고, 박쥐들이 날아올랐기 때문이다. 그래서 주민들은 이곳
에 무시무시한 지옥이 있을 거라 생각했다고 한다.

동굴 내부로 들어가봤다. 다른 지역에서는 볼 수 없는 다양한 빛깔

남유럽 속으로

동굴 안 연극 공연

과 특이한 모양을 가진 종유석들을 만나볼 수 있다. 동굴탐사에는 3시간 정도가 소요된다. 이 동굴 가장 깊숙한 곳에 위치한 온통 새하얀 동굴 그로타 비앙카가 눈앞에 펼쳐진다. 마치 마법의 성처럼 보인다. 어떻게 이런 흰색이 나타날 수 있는지 놀라울 따름이다. 가이드는 흰색 동굴 천장의 '갈철석'이라는 광물이 흰색의 탄산칼슘(석회암의 주성분)을 밖으로 배출하기 때문이라고 설명한다.

저녁이 되자 동굴이 공연장으로 변신한다. 특별한 무대장치 없이 천연동굴에서 열리는 것 자체만으로도 독특함을 주는 공연이다. 이곳 사람들의 문화적 상상력이 얼마나 뛰어난지 실감케 한다. 자연과 사람이 어우러져 만들어낸 최고의 무대다. 감탄과 박수가 절로 나온다.

'개구쟁이 스머프'의
모티브가 된 마을

풀리아 주가 자랑하는 동화 속 마을 알베로벨로. '아름다운 나무'라는 뜻을 가진 알베로벨로에는 14세기부터 본격적으로 지어진 '트룰로Trullo'(복수형은 트룰리Trulli)라고 불리는 전통집이 옹기종기 모여 있다. 작은 오두막인 트룰로는 하얀 석회벽 위에 회색 돌을 원추형으로 쌓고, 지붕에 십자가, 원, 삼각형, 하트 등 소망하는 문양을 그려넣은 것이 특징이다.

예쁘고 독창적인 집을 보기 위해 전 세계에서 많은 사람들이 이곳을 찾는다. 한 트룰리를 찾아 안으로 들어가보았다. 트룰리의 내부는 작고 아담했다. 외부의 전통적인 양식은 그대로 유지하고 내부는 현대적으로 꾸며놓았는데 아주 오래된 대리석 바닥과 두꺼운 벽이 눈길을 끈다.

과거와 현대의 공존을 느낄 수 있게 꾸며

알베로벨로 Alberobello

작은 오두막 트룰리가 유명하며 유네스코 세계문화유산으로 등재된 곳

인구: 약 1만 명

면적: 40km²

다양한 문양을 그려넣은 트롤리

진 집 안을 둘러보다 문득 벽에 있는 사다리가 눈에 들어왔다. 어떤
용도로 어떻게 사용하는지 궁금했다. 사다리를 타고 올라가니 깜찍한
집만큼 깜찍한 다락방이 나타난다.

 트롤로는 언제 어떻게 왜 생겨난 것일까? 과거 나폴리 왕의 통치를
받던 시절 집집마다 지붕의 개수에 비례해 세금을 부과했는데 한 주민
이 높은 세금을 피할 방법을 고민하다가 이렇게 쌓아올린 형태의 변
형 건물을 만들기 시작했다고 한다. 그래서 세금 검열관이 나오면 재빠
르게 지붕을 해체시켜서 세금을 피했다는 것이다.

 지붕 꼭대기에 있는 트롤로의 열쇠는 로마시대 아치의 '쐐기돌'과 같
은 기능을 해서 그것을 제거하기만 하면 지붕 전체를 무너뜨릴 수 있
었다. 이런 방법으로 세금을 피했다고 하니 선조들의 재치와 지혜가

남유럽 속으로

알베로벨로 전통식당

놀랍다.

 알베로벨로 지역의 전통음식을 맛볼 수 있는 한 트룰로를 찾았다.
이곳에서는 지역의 전통음식을 어떻게 만드는지 관찰하고 직접 만들
어보기도 하면서 풀리아가 자랑하는 전통음식을 맛볼 수 있다. 이 지
역의 전통 파스타인 오레키에테를 만드는 과정을 볼 수 있었다.

 납작한 타원형 모양의 오레키에테는 '작은 귀'라는 뜻이다. 밀가루를
가늘고 길게 만든 다음 칼을 이용해 앙증맞은 크기로 잘라낸다. 그것
을 엄지로 눌러서 오목한 형태로 만드는데 무척 쉬워 보였다. 하지만
오목하게 홈을 만드는 것이 의외로 쉽지 않다. 풀리아 주민의 전통 파
스타 오레키에테가 완성됐다. 숟가락처럼 안이 움푹 들어간 자리에 토
마토소스가 스며들어 안에 고인 덕분에 접시에 양념을 남기지 않고

**빠떼, 포카치아, 오레키에테,
모차렐라 치즈**
납작한 타원형 모양의 오레키에테
(하 좌측)는 '작은 귀'라는 뜻으로
알베로벨로의 전통 파스타이다.

깨끗하게 먹을 수 있다. 귀여운 모양의 파스타는 과연 어떤 맛일까? 생긴 것과 달리 맛에 깊이가 있었다. 갓 익힌 파스타에 신선한 올리브소스와 토마토 향이 한데 어우러져 식감이 쫄깃하고 향기로웠다. 특히 씹는 맛이 일품이었다. 식탁은 다양한 전통음식들로 가득 차려졌다.

신선한 모차렐라 치즈, 이탈리아식 납작한 빵 포카치아, 올리브와 돼지내장으로 만든 소스 파테 등 모두 처음 보는 음식들이다. '명불허전!' 역시 맛의 고장이었다. 무엇보다 재료의 신선함이 더욱 입맛을 돋웠다. 풍부하고 싱그러운 자연의 맛이다.

우연히 만난 사람들과 함께하는 즐겁고 특별한 시간이야말로 여행이 주는 묘미가 아닐까? 낯선 곳에서 마주한 행복한 시간. 그 소중한 만남이 아름다운 추억으로 남을 것 같다.

그림엽서 같은
천연 유황 온천

        풀리아 주를 떠나 토스카나 주에 위치한 사투르니아로 향했다. 눈앞에 한 장의 그림엽서 같은 풍경이 펼쳐진다. 우윳빛을 띤 독특한 형태의 천연온천인 사투르니아 온천이다. 온천에는 전 세계 곳곳에서 모여든 사람들로 가득했다. 자연적으로 데워진 따뜻한 물이 온천 위쪽에서 끊임없이 쏟아져 내렸다. 온천의 효능은 다양해 보였다. 가족, 연인, 남녀노소 할 것 없이 모두가 편안하고 행복한 시간을 보내는 모습이다. 무엇보다 사투르니아 온천의 매력은 무료

라는 것, 이탈리아에서 이런 곳은 흔치 않다.

이곳은 고대 3천 년 이전부터 존재했으며 아주 오래전에는 상처 입은 동물들이 자연 치유를 위해 들렀던 곳이라고 한다. 끊임없이 흐르는 온천은 맑고 깨끗하지만 물속의 바위가 미끄러워서 발을 디딜 때 조심해야 한다. 직접 온천을 체험해보기로 했다. 발끝으로 따스한 온기가 전해져 온다. 온도는 너무 뜨겁지도 않고 미지근하지도 않은 38℃에서 40℃ 사이. 체온보다 약간 높은 편안한 온도가 지구 반대편에서 온 여행자의 지친 몸과 마음을 달래준다. 자리를 옮겨 좀 더 넓은 곳에 몸을 담갔다. 훨씬 아늑하고 편안했다. 피부병에 특효로 알려진 온천수의 유황 성분 때문에 독특한 냄새가 났다. 하늘이 붉게 물들 때까지 온천을 즐겼다.

나폴리와 카프리를 잇는
세계적인 휴양지

　　　　　　　　　이탈리아 남부의 세계적인 휴양도시 소렌토. 세계 3대 미항 나폴리 인근에 위치한 소렌토는 세계적인 휴양도시다. 그리스인에 의해 건설된 것으로 추정되며, 고대 로마제국 시대에는 '수렌툼'이라는 휴양지로 불렸다. 소렌토는 아름다운 해안 절벽의 경관과 절벽 위에 그림 같은 집들로 전 세계인의 사랑을 받는 곳이다. 소렌토를 전 세계에 알린 것은 한 노래였다.

　아름다운 선율의 〈돌아오라 소렌토로〉는 1902년 당시 수상이던 주세페 차나르델리 Giuseppe Zanardelli의 소렌토 방문에 맞춰 만들어졌다. 당시 작은 마을 소렌토에는 우체국이 없었다. 소렌토에 우체국을 개설해줄 것과 당시 76세이던 수상이 장수하여 소렌토에 다시 찾아오기를 기원하기 위해 작곡가 잠 바티스타 쿠르티스 GiamBattista de Curtis가 작

소렌토 Sorrento

이탈리아 남부 캄파니아 주에 있는 휴양지
인구: 약 1만 7천 명
면적: 9km²

〈돌아오라 소렌토로〉의 작곡가 잠 바티스타 쿠르티스

곡했다고 한다.

나폴리와 카프리를 잇는 항구도시 소렌토의 좁고 긴 골목길을 나오자 소렌토가 자랑하는 특산품들이 눈에 띈다. 그중에서도 특히 오렌지와 레몬이 유명하다. 상점 곳곳에 레몬으로 만든 여러 가지 상품들이 진열되어 있다.

소렌토의 레몬에 대해 알아보기 위해 한 레몬 농장을 찾았다. 소렌토 레몬은 여의도 면적의 약 1.8배 되는 500ha에서 연간 약 12만kg이 생산된다. 끝 모양이 계란처럼 둥근 형태인데 수확 시기는 3월부터 10월까지다. 소렌토 레몬만의 특징을 묻자 농부가 레몬을 들이민다. 레몬을 자르더니 맛을 보여주겠다고 했다. 상큼한 레몬향이 입안 가득 퍼지고 계속 쥐어짜도 풍부한 과즙이 흘러나온다.

이탈리아의 저녁식사는 보통 밤 8시에서 8시 30분 사이에 시작된다.

레몬 파스타와 새우 리조또

이탈리아 음식과 소렌토의 레몬 맛을 함께 즐길 수 있는 한 식당을 찾았다. 레몬의 상큼함이 갓 잡은 싱싱한 새우와 어우러져 입맛을 돋운다. 파스타는 면발의 쫄깃함에 레몬 슬라이스의 사각사각 씹히는 맛이 더해져 새로운 풍미를 느끼게 한다. 식사 후 이곳의 특산품인 전통 레몬술 리몬첼로가 등장했다. 레몬껍질로 만드는 이 술은 소화에 효과가 있어 식후에 마신다고 한다. 과일주스처럼 예쁜 빛깔을 내는 레몬첼로의 알코올 도수는 평균 40%로 보드카만큼 독하다고 한다. 상큼하면서 진한 레몬향이 입안을 깔끔하게 정리해준다.

지중해의 보석
카프리

소렌토에서 배로 20분이면 지중해의 보석 카프리에 도착한다. 카프리는 로마의 초대황제 아우구스투스가 개인별장으로 활용하면서 세상에 알려진 세계적인 관광지다. 높은 지대를 오가는 케이블카인 '푸니쿨라레(푸니쿨라)'를 타고 섬의 중앙부로 이동했다. 카프리 섬은 크게 아래쪽의 카프리와 위쪽의 아나카프리로 나뉘어 있다. 푸니쿨라레를 타고 10여 분을 이동하면 아래쪽에 위치한 카프리의 풍경이 시원하게 펼쳐진다.

카프리에서 가장 높은 솔라로 산으로 가기 위해 아나카프리행 버스를 타는 정류소로 향했다. 버스를 타고 10여 분 올라가면 아나카프리에 도착한다. 이곳에 솔라로 산으로 가는 리프트가 있다. 리프트를 타면 해발 589m인 솔라로 산 정상에 올라갈 수 있다.

카프리 섬 Capri
....
이탈리아 남부의 세계적인
휴양지
인구: 약 1만 4천 명(카프리와
아나카프리 주민 합산)
면적: 10.4km²

솔라로 산 전망대 전경

리프트에서 바라보는 섬의 전경 또한 일품이다. 전망대에 오르면 카프리 전경을 한눈에 내려다볼 수 있다. 산 정상에는 추억을 담는 이들로 분주하다. 정상에 위치한 카페에서는 아름다운 지중해가 선사하는 낭만과 여유를 느낄 수 있다.

　카프리가 자랑하는 푸른 동굴로 향했다. 카프리에서 배를 타고 15분 정도 달리면 해안 절벽과 마주하게 된다. 수면 위로 보이는 아주 작은 입구가 바로 푸른 동굴이다. 해식동굴인 푸른 동굴은 햇빛이 바닷물

푸른 동굴

을 통해 동굴 안을 온통 푸른빛으로 채워서 붙여진 이름이다. 이 동굴
은 1년 중에 들어갈 수 있는 날이 100일이 채 안 될 만큼 관람하기 어
려운 곳이다. 게다가 날씨가 아무리 좋아도 바람이 불어 파도가 높아
지면 동굴이 사라진다고 한다. 동굴 입구에서부터는 작은 배로 갈아타
야 한다.

　동굴 안에 들어가기 위해서는 모두 보트 바닥에 누워야 한다. 가까
스로 동굴 안에 들어가자, 한 번도 본 적 없는 신비한 광경이 펼쳐졌
다. 동굴 안에 짙은 파란색 물이 넘실댄다. 5분도 채 안 되는 시간. 동
굴에서 본 푸른빛은 어떤 단어로도 설명할 수 없을 정도로 강렬했다.

풍부한 물로
최초의 종이를 만들다

나폴리에서 남동쪽으로 47km 거리에 있는 아말피는 과거 아말피 공화국의 수도였다. 아말피 해상법이 16세기까지 지중해에서 두루 통용되었을 만큼 대외무역이 번성했었고 이탈리아에 최초로 종이와 카펫을 들여온 곳이기도 하다. 9세기에는 제노바 피사만큼 강력한 해상공화국이었다. 12세기에 들어서 시칠리아와 피사의 공격과 자연재해 등이 겹치면서 급속히 쇠퇴했다.

아말피는 바다를 배경으로 번성했던 해상도시답게 여전히 신선한 해산물이 유명하다. 도자기로 만든 공예품과 종이도 유명하다. 특히 소렌토부터 아말피까지 이르는 아말피 해안은 내셔널 지오그래픽이 죽기 전에 꼭 가봐야 할 곳 1위로 선정할 만큼 전 세계인의 사랑을 받은 곳이기도 하

아말피 Amalfi
································

과거 피사, 베네치아, 제노바와 같이 전성기를 누렸던 아말피 공화국의 수도
인구: 약 6천 명
면적: 6.11km²

아말피 골목

다. 무엇보다 작은 골목에 넉넉한 웃음과 여유를 가진 사람들이 매력
적이다.

아말피가 자랑하는 특산품 종이를 보러 종이박물관으로 갔다. 해상
무역이 번성했던 12세기 아랍 국가들과의 교역을 통해 아말피에 제지
생산 기술이 전해졌다. 1300년경 이곳의 풍부한 물을 동력 삼아 천으
로 만든 섬유 종이가 유럽 최초로 만들어졌다.

종이박물관에서는 직접 종이를 만들어볼 수도 있다. 커다란 액체 원
료 통에 종이 틀을 넣었다가 원료를 거르듯이 뺀다. 종이 틀에서 물기
를 제거한 후 종이 틀을 천 바탕에 조심히 내려 습지를 떼어내면 된다.
아말피의 고유 문양인 조개 모양과 글씨가 선명하다. 이 종이를 프레

남유럽 속으로

아말피 종이박물관

스처럼 생긴 틀에 넣고 물기를 제거한다. 통풍이 잘되는 곳에서 잘 말
려주면 아말피가 자랑하는 수제 섬유종이가 탄생한다. 최초의 종이를
만든 곳인 만큼 여전히 자긍심이 대단하다. 아말피에서 생산되는 종이
들은 다양한 형태의 상품으로 지금도 전 세계인들을 만나고 있다.

140년 전통의 카니발과 1천 년 전통의 명품 와인을 자랑하는 곳, 9대
째 시간과 정성으로 음식을 만들고 지금껏 르네상스 시대의 요리를
즐기는 사람들이 있는 곳, 끝없이 이어지는 푸른 초지 위로 그림 같
은 전원 풍경이 펼쳐지고 대도시의 마천루인 양 중세의 탑들이 그대
로 솟아있는 이탈리아 토스카나로 떠나보자.

세월의
여유를 품다

이탈리아 중부 피렌체 외

르네상스의 낭만도시
피렌체

　　　　　지중해 중앙으로 장화처럼 펼쳐진 이탈리아의 스무 개 지방 중 하나인 토스카나 주는 다양한 전통 문화유산과 독특하고 아름다운 풍경으로 이름난 곳이다. 토스카나 지방의 주도는 화려한 역사를 자랑하는 피렌체다. 도시의 전경이 마치 과거로 돌아간 듯 고풍스럽다.

　　유명한 두오모 대성당(공식 명칭은 '산타 마리아 델 피오레 성당')이 피렌체를 상징하듯 우뚝 솟아 있고 아르노 강이 도시를 끼고 흐른다. 유명 건축물들이 위세를 드러내자 화려했던 르네상스의 중심지에 와 있는 실감이 난다. 관광명소답게 거리는 사람들로 넘쳐난다. 거리의 화가들이 르네상스 시절 대가의 그림을 베껴 그리는 모습을 보고 사람들이 발길을 멈춘다. 화가들은 피렌체가 미켈란젤로와 레오나르도 다빈치가

피렌체 Firenze

토스카나의 주도, 14~16세기
르네상스 운동의 중심지
인구: 38만 명
면적: 102.41km²

활동한 곳임을 증명이라도 하려는 것일까?

공화국 광장에 서니 익숙한 노랫가락이 나의 발길을 붙들었다. 이탈리아의 전설적인 테너가수 고故 엔리코 카루소Enrico Caruso의 생을 노래한 〈카루소〉라는 칸초네다. 이쯤 되면 전용 무대가 따로 없다. 광장 자체가 더없이 멋진 무대다. 성악의 나라 이탈리아다웠다.

베키오 궁전이 위세 있게 서 있는 시뇨리아 광장은 피렌체 관광의 1번지다. 이곳에는 르네상스 시대 문화예술을 후원했던 집안으로 잘 알려진 메디치 가家의 코지모Cosimo 1세 조각상이 있다. 코지모 1세는 시뇨리아 광장에 많은 조각품을 전시한 것으로 유명한 인물이기도 하다.

광장에는 미켈란젤로의 다비드 상을 비롯해 많은 신화 속 인물 조각상들이 전시돼 있다. 인체의 아름다움에 눈을 돌린 르네상스 예술의 특징을 잘 보여준다. 이곳의 주요 조각품들은 복제본이다. 진품들은 작품 보호를 위해 미술관에 따로 전시돼 있다. 베키오 궁전은 피렌체 공화국의 정치 중심지였고 지금도 시청사로 사용 중이다. 외벽에 새겨진 가문의 문장들이 권위와 세월의 무게를 더해준다.

피렌체의 대표적 건축물은 역시 두오모 대성당이다. 고대 로마 건축 양식과 고딕 양식이 혼합된 르네상스를 대표하는 건축물이다. 대성당 옆으로는 높이 84m의 '조토의 종탑'이 우뚝 솟아 있다. 당시로서는 이탈리아에서 가장 높은 종탑이었다고 한다. 대성당은 무엇보다도 8각형 대형 돔 지붕(쿠폴라cupola)으로 유명하다. 지지대를 사용하지 않고 돔 자체만으로 하중을 지탱할 수 있는 독창적인 기술력을 선보였기 때문이다. 60m나 되는 성당 위에 36m 높이의 돔을 세운 것 자체부터가 경

두오모 대성당

이롭다. 높이 120m, 40층 빌딩 높이의 건축물이 600여 년 전에 이미 지어졌다니 놀라울 따름이다. 대성당은 완공됐을 당시 약 3만 명의 신도들을 수용할 수 있었다고 하니 피렌체의 문화적, 경제적 위력을 엿볼 수 있다.

관광객들의 시선이 천장으로 집중된다. 돔 천장에는 조르지오 바사리Giorgio Vasari와 페데리코 주카리Federico Zuccari의 프레스코화 〈최후의 심판〉이 그려져 있다. 기독교에서 말하는 죽음 이후 천국에서 벌어지는 신의 심판을 그린 그림이다. 3,600m²나 되는 엄청난 천장화에는 숨은

조토의 종탑

돔 전망대에서 바라 본 피렌체의 전경

그림이 있다. 그림은 메디치 가문의 프란체스코 1세의 요구에 따라 1570년에 제작되었는데 그 자신도 그림에 등장시켰던 것이다. 신성한 종교적인 작품 안에 자신들의 모습을 넣을 수 있었던 메디치 가 사람들의 위세와 영광을 엿볼 수 있다.

돔 지붕에는 전망대가 있다. 전망대로 올라가는 통로는 관광객들로 붐빈다. 100m가 넘는 높이를 원추형 계단으로 올라간다. 통로가 비좁아 오르내리기가 만만치 않다. 원형으로 된 전망대는 피렌체 관광의 필수 코스다. 피렌체의 전경이 한눈에 펼쳐지면서 고도의 정취를 물씬 풍긴다.

피렌체의 성안 역사지구는 유네스코가 정한 세계문화유산이다. 현대식 빌딩이라고는 없는 붉은색 지붕으로 이어진 시내 모습이 무척 인

남유럽 속으로

단테와 베아트리체가 만난 베키오 다리

상적이다. 사람들은 기념사진을 찍기에 여념이 없다. 멋진 추억이 될 것 같다.

피렌체를 상징하는 또 하나의 명소는 아르노 강의 베키오 다리다. 르네상스의 대시인 단테가 베아트리체를 만난 낭만이 깃든 곳이기도 하다. 제2차 세계대전 당시 독일이 이 다리만은 폭격하지 않았다는 이야기도 전설처럼 전해지고 있다. 역사와 예술과 낭만이 있는 피렌체는 관광의 모든 요소를 갖춘 도시라는 생각이 들었다.

신나는 놀이마당
카니발

오랜 전통을 자랑하는 카니발이 열리고 있는 해안 도시 비아레조로 향했다. 해변에는 이미 수많은 사람들로 붐비고 있었다. 퍼레이드를 준비 중인 대형 조형물이 눈길을 사로잡는다. 갖가지 형상과 다양한 인물들로 구성된 조형물들은 특이한 모양에 크기도 엄청나다. 주로 폐지와 석고, 나무를 활용해서 만든 것들이다. 조형물 중에는 정치적 인물들이 많이 표현돼 있다. 커다란 탱크 조형물은 왜 등장시킨 것일까? 전쟁과 폭력으로 얼룩진 세계를 해학적으로 조롱하면서 행복한 세상을 외치고 있는 듯하다. 대형 조형물은 기획하고 완성되기까지 7개월 반이나 걸렸다고 한다. 사람들은 갖가지 가면을 쓰고 카니발을 즐긴다. 한쪽에선 특이한 분장으로 사람들의 시선을 끈다.

드디어 퍼레이드가 시작됐다. 조형물을 태운 수레가 해변을 돌고, 독특한 의상의 참여자들이 수레 앞에서 흥을 돋운다. 거대한 조형물을 움직이게 하는 메커니즘이 놀랍다. 정치적 혼란에 빠진 이탈리아를 바다의 신 넵튠이 침몰시키는 것을 표현한 작품도 있었다.

비아레조 카니발은 오래전부터 유럽 전 지역으로 중계 방송되고 있다. 답답한 세상을 향해 쏟아내는 통쾌한 외침이자 신나는 놀이마당으로 사람들은 시원하게 마음을 열어놓고 한바탕 신명나게 즐긴다. 비아레조 카니발 광경을 보면서 전통이 살아 있는 축제다운 축제란 생각이 들었다. 카니발은 저녁 늦게까지 뒤풀이로 이어졌다.

탑의 도시로 잘 알려진 피렌체 남쪽의 산 지미냐노로 향한다. 대도

비아레조 카니발에 등장한 대형 조형물

시의 마천루인 양 탑들이 멀리 언덕 위로 우뚝 솟아 있다. 산 지미냐노
의 거리는 마치 과거로 온 듯한 착각마저 들게 한다. 광장에는 중세의
공중 우물터가 그대로 남아 있고 마을 대부분이 유네스코에서 지정된
세계문화유산이다.

거리 어디서나 고색 짙은 탑들을 볼 수 있다. 제일 높은 탑은 54m나
된다고 한다. 탑들의 정체가 궁금했다. 탑들은 왜 세웠고 어떤 기능을
했을까? 가장 근본적인 이유는 가문의 영향력을 보여주기 위해서였다.
도시가 한창 번성했던 14세기 초에는 '탑들의 숲'이라 불릴 만큼 많은
탑을 건설했다. 탑의 개수가 72개나 됐다고 한다. 지금은 모두 14개 정
도가 남아 있다.

산 지미냐노 마을

　왜 이곳에 탑들이 많이 남아 있는 것일까? 산 지미냐노는 1300년대 중반에 심각한 기근과 역병, 그리고 피렌체의 지배로 많은 어려움을 겪었다. 그 바람에 도시는 중세시대 상태로 정지해버리고 말았고 지금처럼 보존이 가능했던 것이다.

　마을 광장 대성당 옆으로 포폴로 궁이 들어서 있다. 13세기 말에 건립된 궁은 지금도 시청사로 사용 중이다. 건물 곳곳에서 세월의 흔적이 묻어나는 포폴로 궁에는 산 지미냐노의 역사적 작품들이 전시되어 있다. 그중에는 산 지미냐노 탑들의 역사성을 보여주는 중요한 그림이 있다. 14세기에 그려진 그림에는 마을의 전경이 담겨 있었다. 600년이 넘은 그림 속에 산 지미냐노의 옛 모습도 보인다. 기본적인 형태가 지금과 거의 같다는 것을 잘 알 수 있다.

포폴로 궁전

54m 높이의 그로사 탑으로 올라 아래를 내려다봤다. 빛바랜 지붕들이 요즘 마을 같지 않다.

산 지미냐노는 12~13세기부터 북유럽에서 로마 바티칸으로 향하는 길에 있던 중요한 교역지였다고 한다. 마을 너머에는 낮은 구릉으로 이어진 토스카나의 들녘이 시원스럽게 펼쳐져 있다.

9대째 정육점 집안의
슬로푸드

           토스카나에서 유명한 와인 산지 중 하나인 키안티 지역으로 향했다. 높고 낮은 구릉지 위로 수많은 포도원과 올리브 밭이 펼쳐져 있다. 키안티 지역의 중심지인 그레베 인 키안티는 1999년 처음으로 '슬로시티'를 표방한 곳이다. 마을 중앙 광장에 도착했다. 광장 한쪽에는 이곳이 고향인 지오반니 디 베라차노^{Giovanni da Verrazzano} 장군의 동상이 서 있다. 그는 신대륙 탐험에 나서 1524년 최초로 뉴욕을 발견한 인물이다. 광장 입구의 자그마한 시청사. 키안티 와인을 상징하는 수탉 조형물과 슬로시티임을 보여주는 달팽이 상이 건물을 장식하고 있다.

  키안티에는 200년을 이어온 유명한 정육점 '안티카 마첼레리아 팔로르니'가 있다. 앙증맞은 돼지 모양의 간판과 가게 입구에 세워진 맷돼지 박제가 인상적인 이 정육점에서는 이탈리아 대표 염장식품인 살라미를 비롯해 햄, 치즈 등 온갖 저장식품들을 팔고 있다. 살라미는 날고기에 소금과 향신료를 뿌린 다음 발효시켜 말리는 식품이다. 각종 도구와 오래된 사진들이 전통 있는 가게임을 보여준다.

  가게 주인은 먼저 자신의 가계도부터 보여주겠다며 나를 안내했다. 팔로르니 집안은 1500년대에 이곳에 정착했다. 1820년부터 시작된 정육점은 지금까지 그 전통이 이어지며 지방의 명소로 자리 잡았다. 이곳을 대표하는 저장식품은 프로슈토로 제조과정이 살라미와 비슷하다. 다만 살라미보다 숙성기간이 길고, 차갑게 말리는 것이 특징이다.

1999년 처음으로 '슬로시티'를 표방한 그레베 인 키안티

춥고 건조한 환경에서 오랫동안 숙성시킬수록 깊은 맛이 난다고 한다. 프로슈토는 문자 그대로 슬로푸드다. 돼지를 기르는 데 2년, 숙성시키는 데 2~3년, 총 4~5년이나 걸려 만들어지기 때문이다. 얇게 썰어서 먹는 프로슈토는 외형과 달리 속살이 맑고 깨끗하다. 스키아차타는 올리브오일이 듬뿍 들어간 빵인데, 빵과 함께 먹는 프로슈토의 맛은 그야말로 일품이었다.

해가 진 후 정통 토스카나 음식으로 유명한 레스토랑을 찾았다. 대여섯 개의 테이블이 있는 아담한 규모지만, 영국 토니 블레어 전 수상이 찾았을 만큼 이름난 곳이다. 서너 평 남짓 작은 주방을 가진 이곳에 세계적인 유명 인사까지 찾았다니 무척 흥미로웠다.

주인이자 요리사인 토스카노 씨는 특히 르네상스 시절의 요리 때문

르네상스식 소 허벅지살 후추 스튜(좌) 라르도 등이 들어간 키안티식 안티파스토(우)

에 유명세를 탔단다. 36년의 요리 경력에 대가다운 분위기를 풍기는 그는 주 요리에 앞서 토스카나식 빵 먹는 법을 소개했다. 튀긴 빵 위에 돼지 간을 으깬 스프레드를 바르고, 라르도라 불리는 돼지기름을 얹는 것이 특이하다. 토스카나의 가정에서 즐겨먹는 전통방식이라고 설명한다. 다음으로 500여 년 전 르네상스식 쇠고기 스튜 요리를 소개했다. 이 전통요리는 소 허벅지살을 키안티 와인에 2시간 이상 숙성시키고, 와인과 함께 오랫동안 끓여서 익혀낸다. 잘 익은 고기 위에 함께 끓인 소스를 뿌리고 삶은 배를 곁들이는 요리다. 간단하지만 시간이 많이 걸리는 음식이다. 스튜 요리의 참맛은 코끝을 자극하는 향기와 부드럽게 씹히는 고기의 식감에 있었다. 토스카나의 전통요리를 이어가는 운치 있고 정감 있는 레스토랑이었다.

남유럽 속으로

200년을 이어온 안티카 마첼레리아 팔로르니 정육점
돼지 모양의 간판과 살라미를 비롯해 햄, 치즈 등 온갖 저장식품들. 가게 입구에 세워진 맷돼지 박제가 인상적이다.

아름다운 농가와
사이프러스 나무

　　　　　이제 아름다운 전원 풍경으로 이름난 발 도르치아의 피엔차로 향한다. 발 도르치아 지역은 시에나 남쪽에서 몬테 아미아타까지 이어진 농업 지역을 말한다. 이미 르네상스 시절부터 아름다운 농업 전원 지역으로 조성하기 시작했다고 한다.

　끝없이 이어진 푸른 구릉지 위로 보이는 아름다운 농가와 사이프러스 나무는 토스카나를 대표하는 풍경이다. 사이프러스 나무는 대부분 도로에서 집으로 이어지는 진입로 양쪽으로 심어놓았다. 해발 490m나 되는 높은 언덕 위에 피엔차가 자리하고 있다. 피엔차는 15세기 르네상스 시절의 계획도시로 알려져 있다.

　마을의 중심인 피우스 2세 광장부터 들렀다. 대성당을 중심으로 고딕양식과 정통 르네상스 양식이 섞여 있는 건축물들이 광장을 에워싸고 있다. 피콜로미니 궁 전면 한쪽에 르네상스 스타일의 우물이 놓여 있다. 도시를 직접 설계한 건축가가 디자인했다고 한다. 당시 마을 광장에는 거의 대부분 공중 우물터를 만들었다. 광장 한쪽에 있는 시청

르네상스 시대 계획도시 피엔차

사 벽면에는 교황 피우스 2세의 상이 부조로 새겨져 있다. 피우스 2세는 피엔차를 이상적인 도시로 만들고자 했다. 그의 죽음으로 피엔차는 미완의 계획도시로 남을 수밖에 없었다.

피콜로미니 궁은 프랑코 제피렐리 감독의 명화 〈로미오와 줄리엣〉의 주요 장면이 촬영된 것으로 유명하다. 영화 속 캐플릿 가의 저택이 바로 피콜로미니 궁이다.

발 도르치아를 한눈에 내려다볼 수 있는 피콜로미니 궁은 개방형 르네상스 건축물의 특징을 잘 드러내고 있다. 수백 년의 세월이 지났는데도 마을의 기본적인 형태는 거의 변한 것이 없다고 한다. 작은 골목

〈로미오와 줄리엣〉 촬영지 피콜로미니 궁

길로 이어진 마을의 고풍스런 모습에서 한국의 아파트 문화와는 사뭇 다른, 진득한 삶의 정취가 묻어난다. 따로 앞마당이 없어 집 앞과 벽에 화초들을 키워가는 모습이 흥미롭다.

피엔차의 광장 뒤쪽으로는 성벽이 이어진다. 성벽 너머로 발 도르치아의 목가적인 전경이 한눈에 들어온다. 피엔차 지역의 한 농가를 방문했다. 농가는 대부분 '아그리투리스모'라 불리는 농가 체험 민박을 운영하고 있다. 마침 양 젖을 짜는 시간이었다. 양들이 기특하게도 순서대로 자신들의 자리로 들어간다. 농가의 삼형제가 함께 젖을 짜내고 있었다. 양젖은 이곳의 특산품 페코리노 치즈를 만드는 데 주로 사용된다. 800여 마리의 양젖을 짜는 데 꽤 많은 시간이 걸렸다. 새끼 돼지들이 우리 바깥에서 자유롭게 뛰논다. 가족들의 먹거리를 위해 식용으로 키우는 것들이라고 한다.

사람들은 이런 정겨운 모습을 보기 위해 농가 민박을 찾을 것이다.

민박은 농가의 둘째아들네가 운영하고 있다. 그 집의 안주인이 민박을 소개했다. 시어른이 사용하던 집을 민박으로 개조했다고 설명한다. 방은 크고 깨끗하게 정돈돼 있었다. 부엌과 거실이 딸린 방을 포함해 총 4개의 방을 운영 중이었다. 그녀가 내준 에스프레소 한 잔이 잠시나마 여행의 피로를 풀어줬다. 해질 무렵 발 도르치아의 들녘은 또 다른 빛깔로 다가왔다.

다음날 아침부터 양젖을 짜내려고 부산하다. 태어난 지 하루밖에 안 된 녀석도 있다. 이젠 양들에게 풀을 먹일 시간이다. 영리한 양몰이 개가 길을 이끈다. 양몰이는 매일 아침마다 반복되는 일과다. 단순하면서 소박하게 살아가는 집안 사람들의 모습이 한편으로는 부러웠다. 하늘로 곧게 뻗은 사이프러스 가로수가 인상적인 곳이다.

2천 년 전통의
와인 양조 기술

발 도르치아에는 와인 산지로 유명한 몬테풀치아노가 있다. 토스카나에서 가장 높은 해발 605m의 고성 마을이다. 마을은 오르막 골목길로 이어지고 거리에는 와인 가게들이 즐비하다. 몬테풀치아노는 이탈리아에서도 이름난 고급 와인 생산지다. 마을을 관통하는 거리의 시계탑 위에는 풀치넬라(이탈리아 광대놀이와 무언극에 등장하는 익살스런 인물의 이름)로 불리는 광대상이 서 있다. 마을 중심에는 역시 큰 광장이 있다. 고색 창연한 로마네스크 양식의 대성당, 르네상스 스타일의 궁전과 공중 우물 등 수백 년이 넘은 건축물들이 광장을 에워싸고 있다. 이곳에서 로맨틱 판타지 영화 〈뉴 문〉의 주요 장면이 촬영됐다고 한다. 과연 영화에서나 나올 법한 고풍스러운 분위기를 간직한 곳이었다.

광장 한쪽에 아주 오래된 와이너리(포도주 양조장)가 있다. 이 와이너리는 특이하게도 몬테풀치아노 성벽 안쪽으로 지어져 있다. 입구 벽에 붙은 각종 자료들이 유명세를 드러낸다. 몬테풀치아노의 와인 중에는 2천 년이 넘는 양조 역사를 지닌 것도 있다.

주인은 먼저 와인 저장고로 안내했다. 몬테풀치아노 성벽 안쪽을 뚫은 저장고는 13세기경에 만들어진 것이라 한다. 몬테풀치아노에는 이런 형태의 와인 저장고가 곳곳에 있다. 깊고 미로처럼 이어져 있는 저장고에서는 엄청난 양의 와인이 숙성되고 있었다. 저장고 한쪽 지하실은 이곳에서 만든 와인들이 보존용으로 따로 저장되어 있다. 와이너리

몬테풀치아노 산 와인

의 역사를 쌓아가고 있는 것이다.

몬테풀치아노의 유명세 때문일까. 와인의 맛과 향이 좋았다. 무엇보다도 2500년이나 된 와인 양조의 전통이 이어지고 있다는 사실이 놀라웠다. 1천 년의 역사와 전통을 자랑스럽게 이어가는 이곳 사람들이 대단해 보였다.

몬테풀치아노 성벽 너머로 발 도르치아의 전경이 펼쳐진다. 수백 년에 걸쳐 가꿔온 전원 모습이 마치 그림 같다. 아름다운 발 도르치아와 잘 보존된 전통 문화유산이 있는 토스카나는 또 하나의 잊지 못할 기억으로 남을 것이다.

한여름에도 녹지 않는 거대한 만년설이 장관을 이루고 알프스 산맥
의 화려한 대자연이 생생한 빛을 뿜어내는 곳. 고산지대에서 그들만
의 문화를 가꾸며 살아가는 사람들의 이야기가 있는 곳. 알프스가
만든 사계절의 하모니가 울려퍼지는 이탈리아 북부로 떠나본다.

사계절의 하모니

이탈리아 북부 밀라노 외

예술을 즐기고
패션을 뽐내는 사람들

이탈리아 북부 롬바르디아 주의 수도인 밀라노는 북이탈리아 공업지대의 중심이자 유럽의 허브다. 유럽으로 통하는 관문인 만큼 다양한 문화가 녹아 있다. 이탈리아 최대 경제도시이자 패션의 도시로도 알려진 밀라노의 첫인상은 넘치는 생동감이었다. 밀라노의 중심 거리 두오모 광장으로 가면 밀라노 대성당이 한눈에 들어온다. 전체 길이 157m, 너비 92m로 큰 성당이며 축구장 크기의 1.5배나 된다. 14세기부터 지어진 밀라노 대성당은 나폴레옹이 이탈리아 왕위에 오를 무렵, 성당의 외관을 완성하라고 명하여 19세기에 완성될 수 있었다. 결국 그는 대성당에서 이탈리아 왕위에 즉위했다. 지금도 밀라노 대성당을 보기 위해 전 세계의 수많은 관광객의 발길이 끊이지 않는다.

밀라노 Milano

이탈리아 최대의 공업도시이자 문화의 중심지
인구: 130만 명
면적: 182km²

대성당 내부의 모습은 아주 화려하다. 천장이 높은 제단은 엄숙하면서 웅장한 느낌이다. 거대한 석조 기둥이 높은 천장을 받치고 있다. 성당 곳곳에 아름다운 조각품과 미술품들이 전시돼 있고 벽면 쪽에는 과거 이곳을 지켜왔던 이들이 잠든 화려한 석관도 안치돼 있다.

엄숙한 실내를 벗어나 대성당의 꼭대기로 향했다. 위로 오르자 가장 먼저 눈에 들어오는 건 빼곡한 첨탑이다. 대성당을 이루고 있는 135개의 웅장한 첨탑을 가까이에서 볼 수 있었다. 아래를 내려다보자 두오모 광장이 한눈에 들어온다. 광장의 중심에는 비토리오 에마누엘레 2세의 동상이 서있다. 비토리오 에마누엘레 2세는 이탈리아의 초대 국왕으로, 1861년 이탈리아를 통일한 사람이며 국민들로부터 존경을 받는 인물이다.

그의 기마상이 바라보이는 곳에 '비토리오 에마누엘레 2세 갤러리'가 있다. 이곳을 중심으로 대규모 쇼핑구역이 형성되면서 밀라노를 상징하는 아케이드로 유명해졌다. 1877년에 완공된 이 아케이드는 아치형 유리 천장에 세계 각지에서 가져온 고급 대리석으로 바닥을 만들었다. 철골과 유리를 사용해 완성했는데 뛰어난 시공기술이 놀라웠다. 아케이드 통로 양쪽에 카페, 레스토랑과 각종 상점들이 들어서 있어 언제나 많은 사람들로 붐빈다.

벽면은 그림과 조각들로 꾸며져 있다. 자세히 보니 모자이크로 만든 것이다. 공간 전체가 커다란 예술작품처럼 느껴졌다. '밀라노의 응접실'이라고도 불리는 이곳엔 명품 가게들이 즐비하다. 매장마다 개성 넘치는 상품들을 전시하고 있다. 세계 패션의 흐름을 주도하는 도시임을

비토리오 에마누엘레 갤러
리의 벽면에 장식된 모자이
크(상, 중)와 비토리오 에마누
엘레 2세의 동상(하)

실감할 수 있다. 무엇보다 패션 스타일에 대한 열정이 고스란히 드러나는 듯했다. 다양한 패션을 뽐내는 사람들도 쉽게 눈에 띈다. 낯선 방문객에게 다정한 인사를 건네는 모습에서 밀라노 사람들의 여유로움과 친절함이 느껴졌다.

호수에 떠 있는
벨라 섬

이탈리아 서북부 지역으로 향하면 알프스 산기슭에 자리한 거대한 마조레 호수를 만난다. 호수 주변에는 오래전부터 이곳을 터전으로 삼은 사람들이 살고 있었다. 호수가 워낙 방대하다보니 마을과 마을을 잇는 배가 마치 버스처럼 운행된다.

배에 올라타 상쾌한 바람과 맑은 물을 바라보며 살아 있는 자연을 실감했다. 산으로 둘러싸인 마조레 호수는 3개의 아름다운 섬을 품고

남유럽 속으로

마조레 호수에서 바라본 벨라 섬

있다. 마드레 섬, 벨라 섬, 페스카토리 섬이다.

그중 벨라 섬에 가보았다. 섬 전체가 하나의 작품인 이곳은 17세기에 보로메오 가문 소유의 여름 별장으로 꾸며졌다. 입구에서 발견한 것은 섬의 명물인 새하얀 공작새로 귀족과 같은 기품이 느껴졌다. 1680년경에 완공된 벨라 섬의 궁전은 카를로Carlo 3세가 부인 이사벨라 다다 Isabella D'Adda를 위해 지은 것으로 여기서 섬의 이름을 따왔다. 궁전은 층마다 다른 느낌의 식물을 기르는 이탈리아식 정원으로 꾸며져 아름답고 관람하기도 좋다. 벨라 섬에서 가장 높은 곳은 전망대다. 아래를 내려다보자 잘 가꿔진 나무와 정원이 한눈에 들어온다. 섬 전체가 호수 위에 떠 있는 예술품처럼 보인다. 초여름에 자라는 다양한 꽃들이 화사함을 더해준다.

천 개의 영혼을 가진
쿠르마외르

이탈리아 서북부의 프랑스와 맞닿은 국경 지역 발레다오스타로 향했다. 초여름인데도 알프스의 만년설이 파노라마처럼 펼쳐졌다. 알프스 산맥의 최고봉인 몽블랑의 만년설과 함께 산을 휘감는 눈보라를 보니 장엄한 느낌마저 든다. 산 아래쪽에는 푸른 나무들이 자라고 있어 계절의 혼돈을 불러일으킨다.

이곳에 인구 2,700여 명이 살아가는 '쿠르마외르'라는 작은 도시가 있다. 예전부터 농민들이 많이 사는 곳이다. 도착하자마자 이상한 점을 발견했다. 초여름인데도 사람들이 모두 겨울옷을 입었다. 고도 1,200m의 고산지대인 이곳의 여름은 7월부터 8월까지 딱 2개월 정도다. 알프스 산맥의 차가운 공기 탓에 사람들은 초여름까지도 두꺼운 옷을 입

발레다오스타
Valle d'Aosta

북쪽으로 스위스, 서쪽으로 프랑스와 접하고 낙농업과 관광업이 발달한 곳
인구: 12만 3,978명
면적: 3,263km²

는다. 게다가 고도가 높은 만큼 자외선이 강해 자외선 차단제와 선글라스는 필수품이다. 싱싱하게 피어난 꽃 뒤로 만년설이 보인다. 작은 도시 안에서 사계절을 모두 볼 수 있다.

쿠르마외르는 천 가지의 영혼을 가지고 있는 곳이다. 스포츠를 즐기고 싶은 사람, 자연을 사랑하는 사람, 그리고 휴식을 취하려는 사람 모두를 만족시킨다. 유럽에서 제일 높은 산 아래라는 자연 조건은 다른 곳에서 볼 수 없는 특별한 아름다움을 선사한다.

거리 한복판에서 포도 모양의 독특한 차림을 한 사람들과 마주쳤다. 오늘은 와인축제가 열리는 날이라고 한다. 포도 옷을 입은 소녀들이 축제장으로 안내한다. 변덕스러운 날씨 탓에 축제는 마을 회관에서 펼쳐지고 있었다.

사람이 가장 많이 붐비는 곳은 와인을 시음할 수 있는 곳이다. 이곳에서는 아이스와인을 맛볼 수 있고, 건포도로 만든 와인도 있었다. 알프스 고산지대에서만 생산하는 독특한 와인을 마음껏 즐길 수 있다.

발레다오스타의 대표적인 포도 품종은 프티트 루즈Petite Rouge다. 이 품종이 어떤 지역, 어떤 경사에서 자라느냐 따라 다른 맛의 와인이 탄생한다.

전문가가 추천해주는 아이스와인을 시음해봤다. 신선한 맛이 그대로 느껴졌다. 와인뿐 아니라 와인과 함께 곁들이면 좋을 것 같은 지역 특산물도 볼 수 있었다. 먹음직스러워 보이는 치즈와 빵이 진열된 곳으로 사람들의 발길이 계속 이어진다. 이 지방의 특산물이라는 고소한 빵도 맛볼 수 있고, 신선한 치즈와 함께 이탈리아식 소시지인 살라미

300년 전 모습을 그대로 간직한 쿠르마외르
골목길(좌) 치즈(상 우측) 포카치아(하 우측)

포카치아 만드는 법

포카치아는 밀가루와 이스트를 넣고 납작하게 구운 이탈리아의 대표적인 빵이다. 피자 다음으로 많이 먹는 빵이라고 한다. 지역에 따라 여러 종류의 포카치아가 있다. 포카치아를 만드는 방법은 간단하다. 밀가루에 물, 올리브유와 함께 이스트, 소금을 넣고 반죽한다. 반죽이 끝나면 반나절 정도 숙성시킨다. 반죽을 적당한 모양으로 펼쳐 갖가지 고명을 올린다. 준비가 끝나면 달궈진 오븐에 굽기만 하면 된다.

도 방문객들의 입맛을 돋운다. 축제에서 빠질 수 없는 흥겨운 음악이 마을회관 안에 울려퍼진다. 지역 주민들로 이뤄진 연주단이 축제의 한 마당을 펼치고 있다. 아이부터 어른까지 흥겨운 연주에 몸을 맡겨본다. 조용하던 산골 마을에 음악을 타고 활기가 느껴진다.

늦은 오후, 축제에 참여했던 빵집을 찾아 가봤다. 이곳에서는 20년째 오일과 소금 또는 치즈로 안을 채운 리구리아식 포카치아를 만들고 있었다. 리구리아는 발레다오스타와 2시간 거리에 있는 해안 마을로 이 빵집의 신선한 재료가 생산되는 곳이다. 버터가 듬뿍 발린 포카치아를 먹어봤다. 담백하고 고소한 버터향이 입맛에 아주 잘 맞았다.

산악 스포츠와
아이젠의 역사

쿠르마외르는 1년 내내 산악 스포츠를 즐기려는 사람들이 찾는 명소이니만큼 스포츠 매장이 즐비하다. 세계적인 브랜드들이 산악인들을 통해 실용성을 인정받기 위해 이곳에서 경쟁을 벌이고 있다. 매장 직원은 흔히 볼 수 없는 독특한 장비들을 보여주었다. 산악 스포츠는 생명과 직결되는 만큼 갖가지 아이디어가 동원된다. 미끄러운 산길을 오를 때 꼭 필요한 장비인 '아이젠'이 이 지역에서 200여 년 전에 처음 발명됐다.

근처에 있는 산악 가이드 박물관을 찾았다. 쿠르마외르는 알프스 산악 가이드가 최초로 생겨난 곳이다. 과거 산악 가이드는 사람들의 생

산악 가이드 박물관

명을 지켜주는 멋진 직업으로 여겨져 수입도 꽤 괜찮았다고 한다. 이
곳에서 산악 가이드의 후손을 만났다. 그는 사람들이 조금이라도 안전
하게 빨리 등반하기를 바라기 때문에 자신의 조상이 철을 이용해 아
주 가벼운 아이젠을 만들었다고 한다. 그 장비로 1786년 최초로 몽블
랑 정상을 정복할 수 있었다.

　1700년대 초반 영국인 모험가들에 의해 알프스 등반이 시작되면서
이 지역을 잘 아는 가이드의 안내는 필수였다. 그 이후 산악 스포츠의
붐이 일기 시작하며 산악 가이드가 점차 늘어났다. 북극을 탐험할 때도
산악 가이드가 활약했으며 수많은 가이드들이 희생됐다. 산악 가이드
박물관 곳곳에는 당시 사용하던 장비들이 남아 있다. 나무로 만든 임시
대피소와 개썰매의 모습에서 험난한 모험의 흔적을 엿볼 수 있었다.

　많은 이들의 도전을 받았던 알프스는 어떤 모습일까? 직접 알프스를 보기 위해 케이블카를 타기로 했다. 케이블카 입구에는 1년 내내 관광객이 끊이지 않는다. 5월 초까지 스키를 즐길 수 있기 때문에 계절을 뛰어넘어 겨울 스포츠를 즐기려는 이들이 많이 찾는다.

정상으로 향하는 케이블카에 몸을 실었다. 둥그런 모양의 케이블카로 들어서자 사방으로 트인 투명 유리 밖으로 알프스의 전망이 펼쳐진다. 자세히 보니 케이블카 전체가 조금씩 움직였다. 360도 회전하며 사방을 모두 볼 수 있도록 만들어진 케이블카였다. 해발 2km에 오르자 나무 사이로 만년설이 조금씩 보이기 시작했다. 위로 오를수록 하얀 눈이 산을 뒤덮고 해발 3km에 이르자 설산을 볼 수 있었다. 창밖으로는 구름과 눈보라가 합쳐져 한치 앞도 보이지 않았다. 휘몰아치는 눈보라를 뚫고 산의 정상에 도착했다. 이곳의 해발고도는 약 3,600m. 초여름인데도 기온은 영하 10℃ 이하다. 강한 강풍까지 불어온다. 잠시 후 바람이 잦아들고 하얀 설원이 눈앞에 펼쳐졌다. 이때를 놓칠세라 산악 등반을 준비한 사람들이 산행을 시작했다.

수중 음악이 흐르는
알프스 온천

알프스 지역의 묘미는 한여름에도 사계절을 동시에 느낄 수 있다는 점이다. 여름에는 자외선 차단제를 바르고 수영복 차림으로 일광욕을 즐길 수 있을 만큼 따뜻하지만, 해가 지고 바람이 불면 금방 영하 10도 이하로 떨어진다. 그야말로 여름과 겨울이 공존하는 곳이다.

전망이 좋은 곳으로 발길을 옮겼다. 아무도 가지 않은 새하얀 눈길을 무릎 높이까지 푹푹 빠지며 걷는다. 출발한 지 1시간 정도 되자 목적지에 도착했다. 드디어 작은 봉우리 정상에 올랐다. 눈앞에 끝도 보이지 않는 알프스 산맥들이 한 폭의 그림처럼 펼쳐졌다. 해발 3,700m 신이 빚어낸 예술작품이 경이로운 모습으로 빛을 뿜어낸다. 스위스, 프랑스, 이탈리아, 오스트리아에 걸쳐 1천km 이상 뻗어 있는 알프스 산맥의 웅장함에 잠시 할 말을 잃는다. 알프스는 이탈리아어로 알피Alpi라고 부르며 '희고 높은 산'이라는 뜻이다. 겨울과는 사뭇 다른 초여름의 알프스는 시시각각 변하는 날씨에 따라 다양한 표정을 보여준다.

초여름 무렵이면 알프스의 빙하가 조금씩 녹아 산 아래쪽으로 흘러내린다. 알프스의 사람들은 이 물로 농사를 짓고 생활을 하니 주민들에게 없어서는 안 될 귀한 자원이다. 산에서 내려와 오래전에 만들어진 듯한 돌다리를 건넜다. 다리 한가운데서 파이프를 타고 졸졸 흐르는 물줄기를 발견했다. 손으로 만져보니 굉장히 뜨거웠다. 이 지역은 온천으로도 유명한 곳이다.

산속에 있는 야외 온천욕장

알프스 산맥에는 유황, 마그네슘 성분이 풍부한 온천수가 나오는 지역이 꽤 있다. 온천수는 산에 있는 동굴 안에서 나오는데 동굴에 두 개의 원천이 있다. 자연적으로 데워진 따뜻한 물에는 산화철 성분이 녹아 있어 피부건강에 아주 좋다. 산속에 자리 잡은 조용한 야외 온천욕장은 자연의 소리를 들으며 온천을 즐길 수 있어 휴양지로 널리 알려져 있고 신혼 여행지로도 손색이 없다.

자연의 소리를 방해하지 않기 위해 수중스피커를 물속에 설치했다. 온천물을 타고 잔잔한 음악이 흐른다. 시간은 빠르게 흘러가지만 마을은 오래전 그대로의 모습을 간직하고 있다.

페니스 성과
염소 치즈

　　　　　알프스 산을 내려와 발레다오스타 주의 페니스라는 마을에 닿았다. 아름다운 풍경을 배경으로 중세시대 13세기경에 지어진 페니스 성이 자리하고 있다. 약간 투박해 보이지만 견고하게 지어져 수백 년의 세월동안 같은 자리를 지키고 있다.

　이 마을 주민들은 예나 지금이나 변함없이 가축을 키우며 살아간다. 어느 염소 농장을 찾아갔다. 안으로 들어서자 수십 마리의 염소가 한창 식사 중이었다. 낯선 이방인의 등장에 모두 놀라 먹는 것을 멈추고 경계하는 모습이 귀여워 보였다. 페니스는 날씨가 추워서 1년 중 두 달 동안만 방목을 한다. 주로 실내에서 생활하기 때문에 염소의 먹잇감 확보가 가장 중요한데 다행히 이 지역은 질 좋은 건초가 풍부하다고 한다.

　애지중지 키운 염소는 신선한 염소젖을 제공해준다. 염소젖은 소에

페니스 성

고소하고 향이 진한 염소 치즈

서 나오는 우유보다 인간의 모유 성분에 가깝고 소화가 더 잘된다고 한다. 3대를 이어 염소 농장을 운영하는 이들은 고산지대의 농장 운영 노하우를 가지고 있었다. 편안하게 젖을 짤 수 있도록 만든 의자가 눈길을 끌었다. 이곳은 오래전부터 염소젖을 이용해 치즈를 만들어왔다. 잘 만들어진 염소 치즈는 고소하고 향이 진하다. 뽀얀 치즈가 먹음직스러워 보였다.

천연재료로 꾸민
요리사의 식탁

한적한 시골 마을에서 소박한 꿈을 가지고 살아가는 전통요리 예술가를 만났다. 요리사는 전통이란 옛날 음식만

남유럽 속으로

만드는 것을 뜻하지 않는다고 했다. 지역특산물로 요리를 해서 자신이 속한 지역의 모습을 보여주려 애쓴다는 그는 바쁘게 뛰어다니는 도시인들에게 상상력을 전하고 싶은 포부를 가지고 있었다. 마치 이탈리아 전통마을에 식사 초대를 받은 기분이 들 정도로 식당 내부는 고전적인 분위기였다. 요리사는 식당에서 중요한 곳을 보여준다며 지하실로 안내했다.

내려가보니 지하에 와인 창고가 눈에 들어왔다. 자그마치 500년이나 된 지하 와인 저장고라고 한다. 이탈리아 음식문화를 말할 때 와인은 빼놓을 수 없는 존재인 만큼 좋은 와인 창고를 갖는 것은 요리사들의 큰 자부심이다. 창고는 식당의 허파와도 같은 곳이라고 한다. 식당 전체가 창고 위주로 운영되고, 음식으로 부족한 부분을 와인이 보충해서 완벽한 맛을 낸다고 설명한다. 제일 귀한 와인을 꺼내서 보여준다. 최고의 와인 장인이 특별한 날을 기리기 위해 1천 병만 만들었다는 희귀 와인인데, 그중 10병을 가지고 있다고 은근히 자랑한다.

요리예술가의 손에서 탄생한 요리는 어떤 모습일까? 주방으로 향했다. 요리의 재료는 모두 이 지역에서 생산되는 신선한 제철 채소들이다. 이 재료들을 이용해 한 대회에서 상을 받았던 요리를 직접 해보였다. 한 접시 안에 마을의 모습을 담는 게 특징이라고 한다.

싱싱한 채소 위에 직접 만든 새하얀 소스를 뿌려 알프스의 만년설과 계절을 접시에 담았다. 그 위에 화려한 봄꽃을 뿌려 다양한 색으로 장식한다. 드디어 알프스의 자연을 표현한 요리사의 작품이 완성됐다. 자연을 좋아하고 산과 숲속으로 천연재료를 찾으러 다닌 요리사의 정

셰프의 그림(상) 알프스의 자연을
표현한 전통요리 예술가의 작품들
식당의 내부 모습(하)

남유럽 속으로

성과 세심한 손길이 느껴졌다. 한 입 맛볼 때마다 신선함과 함께 요리사의 마음이 전해졌다.

아쉬움을 뒤로하고 마지막 목적지로 가기 위해 쿠르마외르 산길을 걸었다. 몽블랑을 중심으로 3개국에 걸쳐 160km 정도 연결돼 있는 둘레길TMB, Tour de Mont Blanc이다. 1시간 정도 오르자 장엄한 설산의 풍경이 눈앞에 펼쳐졌다. 멋진 설경과 함께 생동감 넘치는 자연이 상상력을 일깨워준다. 이탈리아 북부 알프스에서 만난 사계절의 하모니를 오래도록 잊지 못할 것이다.

파란 에게 해안에 자리잡은 그리스의 섬들을 찾아 떠난다. 여행 길에
나선 이들은 잠든 신화를 일깨운다. 올림픽의 발상지인 이 땅엔 문명
의 자부심이 드높고 건강한 기름 올리브는 그리스인의 주식이 됐다.
아틀란티스 전설을 지닌 산토리니 섬엔 세상 어느 곳에서도 느낄 수
없는 낭만과 여유가 있다.

태양과
바람의 노래

그리스 동부 아테네 외

문명의 꽃을 피운
아테네

그리스 여행에서 문명의 꽃 아테네를 빼놓을 수 없다. 멀리 에게 해와 우뚝 솟은 아크로폴리스가 한눈에 들어온다. 아크로폴리스는 높은 도시라는 뜻으로 고대 그리스에서 방어를 목적으로 만들어진 중심 지역이자 수호신을 모신 신전이 세워진 곳이다.

숨이 막힐 듯 더위가 기승을 부렸지만 몰려든 사람들의 발길을 막진 못한다. "아는 만큼 보인다"는 말이 실감 나는 아테네에서는 알아보고 기억해야 할 것들이 많다.

아테네 도시의 수호신 아테나에게 바쳐진 승리의 신전(니케 신전)을 지나 장대한 대리석 관문인 프로필라이어를 통과하면 올리브 한 그루가 심어진 또 다른 건물을 만나게 된다. 바로 에레크테이온 신전이다. 이 건물은 지붕이 6개의 여인상으로 지지되는 것

아테네 Athenae

제1회 올림픽 개최지로 그리스의 최대 도시이자 수도이다.
인구: 약 400만 명
면적: 2,928km²

이 특징적이다. 고대 아테네인들은 올리브나무를 선물한 아테나를 그들의 수호신으로 선택했고 올리브는 그리스의 상징이 됐다.

조금 더 가면 아크로폴리스에서 가장 아름답고 웅장한 건축물인 파르테논 신전을 만나게 된다. 기원전 5세기경에 세워진 이 신전 역시 수호신 아테나에게 바쳐진 곳이다. 유네스코 심벌마크로 사용될 만큼 인류의 대표적 건축물로, 신전의 총 길이는 70m에 달하는 장엄한 규모다. 지금은 수난의 세월 후 무너졌던 모습을 복원하는 공사가 한창이다. 신전을 장식했던 조각품의 대부분은 대영박물관에 있어 실제로 이곳에서는 겨우 한 조각의 조각상을 아슬아슬하게 만날 수 있다. 여전히 안타까운 역사의 반복이다.

언덕 아래엔 대리석으로 지어진 야외 콘서트 극장인 히로데스 아티쿠스 극장이 있다. 이 극장은 오늘날에도 그리스 고전극과 오페라 등 음악공연이 활발하게 열린다. 아름다운 울림과 역사의 깊이 덕분에 여

에레크테이온 신전

기서의 공연은 더욱 특별할 것 같다.

아크로폴리스 남동쪽 아래엔 아레오파고스라는 낮은 언덕이 있다. 서기 51년 사도바울이 아테네에 와서 최초로 그리스도의 복음을 전한 곳이다. 최고 법정의 역할을 했던 '아레오파고스'에서 사도 바울은 '미지의 신에 관하여'라는 설교를 했다. 바울의 사역기가 이곳에 새겨져 있다. 울퉁불퉁한 계단을 오르면 아크로폴리스 언덕이 올려다보인다. 신화와 전설의 나라 그리스는 로마시대를 거치며 그리스 정교를 믿는 기독교 국가가 되었다. 그후 그리스 정교는 1800여 년 이상 나라 없이 살아온 그리스인들의 정신적 지주요, 그들의 일상생활이었다.

그리스 문명의 보물들이 모여 있는 국립 고고학 박물관을 찾아갔다. 제2차 세계대전 당시엔 소장품들을 땅에 묻어 보관했다고 한다.

먼저 키클라데스^{Cyclades} 문명관에 갔다. 키클라데스 제도에 기원전 3천~2천 년경 존재했던 초기 청동기 시대 문명의 유물들을 전시한 곳

히로데스 아티쿠스 극장

이다. 인체를 표현한 것이 매우 단순하고 상징적이다. 깜찍한 바이올린 모양의 조각상들, 팔짱을 끼고 있는 늘씬한 여인의 조각상들, 악기를 연주하는 조각상들을 통해 당시의 발달한 문명이 쉽게 다가온다.

미케네Mycenae 문명관으로 발길을 옮겼다. 미케네 문명은 기원전 1700년경 펠로폰네소스 반도에서 시작되어 1100년경까지 미케네를 중심으로 발달한 후기 청동기 시대를 이끌었다. 이곳에 1876년 하인리히 슐리만에 의해 발굴된 유명한 황금마스크가 있다. 지그시 감은 눈과 굳게 닫은 입매가 생생하다. 3600년의 세월이 지났어도 마스크의 얼굴은 찬란히 빛나고 있다. 포효하는 순금의 사자들도 생생하기 그지없다.

오늘을 사는 그리스인들에겐 참으로 귀한 자산이자 자부심이다. 전쟁이 나면 청동상을 녹여 무기를 만드는 바람에 많은 조각상들이 사라졌지만 이곳엔 몇 점의 귀한 청동상이 남아 있다. 강인한 남성의 육체를 세밀히 묘사한 '아르테미시온의 포세이돈' 청동상은 그런 걸작 중 하나다. 같은 장소 아르테미시온 바다에서 발견된 '말을 탄 소년' 상은 앞발을 높이 쳐든 말에 탄 소년의 거침없는 기상이 역력하게 느껴진다.

이번 여행의 목적지 중 한 곳인 산토리니 섬에서 발굴된 유적을 찾아갔다. 기원전 1500년경 작품으로 추정되는 프레스코화는 3층 집 벽을 장식했던 그림이다. 활짝 핀 백합꽃과 제비들이 빨간색과 검은색 토양 위에 생생하게 그려져 있다.

이글대던 아테네의 태양이 조금 수그러들자 아크로폴리스 언덕 아

말을 탄 소년 (상 좌측)
황금 마스크 (상 우측)
아르테미시온의 포세이돈 (하)

그리스

1896년 제1회 근대 올림픽이 열린 곳

래 카페에 사람들이 하나둘 모여든다. 오후 6시쯤이면 저녁을 먹기엔 아직 이른 시간이다. 커피 한 잔, 맥주 한 잔을 앞에 놓고 담소를 나눈다. 그리스 여행객들의 필수 코스인 모나스티라키 광장에도 아테네를 사랑하는 사람들이 모여든다. 광장의 벼룩시장이 활기를 되찾는 시간이다. 아테네엔 번잡한 상가와 고대의 유적이 하나로 얽혀 있다.

광장에서 멀지 않은 그리스 의회의사당 앞에 무명용사비가 세워져 있다. 매시간 그들을 기리는 의식이 치러진다. 비문엔 그리스가 참전한 나라의 이름들이 있다. '코리아'라는 글씨가 또렷하다. 그리스는 한국전쟁에 1만 581명을 파병했다. "영웅들에게는 세상 어디라도 그들의 무덤이 될 수 있다"는 비장한 구절이 순간 뭉클하게 와닿는다.

아테네 시내에 있는 올림픽경기장을 찾아갔다. 1896년 제1회 근대 올림픽이 열렸던 곳이다. 올림픽의 창시국인 그리스에서 정정당당한 스포츠 정신은 각별한 것이다. 원래 우승자에겐 올리브관이 씌워졌다.

길이 204m, 폭 83m에 이르고 6만 명을 수용할 수 있는 대리석 경기장의 위용은 대단하다. 고대 그리스 시절부터 스타디움으로 사용된 이곳은 결국 인류의 가장 큰 체육행사인 올림픽의 경기장으로 거듭난 것이다. 운동장 한가운데 조각상들의 모습이 좀 민망했지만 나름대로 신체의 단련을 강조한 그리스인의 유머감각이 엿보였다. '건강한 육체에 건전한 정신이 깃든다'라고 했던가?

오늘날 올림픽 정신이 많이 퇴색했다고 하지만 여전히 올림픽을 통해 감동의 이야기가 탄생한다. 역대 올림픽 개최지 중 서울 표시도 선명하다.

공통 언어를 쓰는
헬라스 정신

자동차로 한 시간 반을 달려 펠레폰네소스 반도 시작점인 코린트 운하에 도착했다. 에게 해와 이오니아 해를 잇는 이 운하는 길이 약 6.4km, 폭 약 25m, 깊이 8m로 연간 1만 2천 척의 배들이 오가는 중요한 운하다. 그러나 안타깝게도 폭이 좁아 대형 컨테이너 선박은 지날 수 없다. 뱃길을 단축하려는 운하 건설은 고대 그리스부터 시작해 네로 황제를 거쳐 2500년 후인 1893년에 결실을 맺었다. 운하를 통과하는 커다란 배들이 좁은 해협을 건너기 위해서는

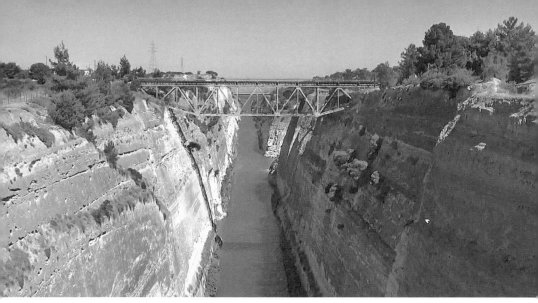

그리스 본토와 펠로폰네소스 반도 사이의 코린트 운하

상주하고 있는 노련한 선장의 도움을 받아야 한다. 코린트 운하가 뚫리면서 아테네에서 이탈리아까지 약 700km의 바닷길이 단축됐다. 완공 후 100여 년 가까이 각광을 받았지만 지금은 요트를 즐기는 사람들의 각별한 사랑을 받고 있는 것 같다.

운하를 통과하는 내내 영화 속의 한 장면에 들어온 것 같았다. 80m 높이에 이르는 장대한 수직 암벽을 통과해 드디어 운하의 끝 코린트 만에 이르렀다. 함께 탔던 선장님이 화물선으로 옮겨 탔다. 만 번 이상 통과한 선장님의 노련함이 좁은 해협을 잘 건너게 할 것이다. 돌아오는데 철교 위로 자동차들이 지나고 있어 기다려야 했다. 코린트 운하 잠수교다. 잠시 후 철교는 서서히 바다 아래로 가라앉았다. 이번 여행에서 운하를 왕복할 수 있었던 건 행운이었다.

올림픽 성화의 채화가 이루어지는 헤라 신전

해양의 나라 그리스는 고대부터 해양 무역이 발달한 곳이다. 특히 코린트는 상업과 문물이 최고도로 발달했던 고대 도시 중 한 곳이었다. 이제 그 찬란했던 영화의 흔적은 아폴론의 신전 기둥 몇 개로만 남아 찾는 이의 마음까지 쓸쓸하게 한다. 기원전 146년 로마군의 침입으로 파괴됐다가 1세기 후인 44년 다시 로마황제 카이사르에 의해 재건된 코린트는 인구 7만 5천여 명이 거주할 만큼 번성했던 사치와 향락의 중심지이기도 했다.

대리석으로 된 레카이온 길을 따라가면 레카이온 항구에 이른다. 서기 52년 사도바울이 코린트인들의 문란한 생활상을 비판하다 붙잡힌 베마터와 돌판에 새겨진 성경 구절만이 쓸쓸한 이곳을 증언하고 있다.

이제 펠로폰네소스 반도 깊숙하게 자리한 고대 올림피아를 향해 더

코린트 아폴론 신전

달려간다. 초록의 올리브나무가 끝도 없이 자라고 고대의 신성한 숲이 불쑥 눈앞에 펼쳐진 듯하다. 얼핏 보면 여느 관광지 마을 같지만 여기저기 펄럭이는 각 나라의 국기에서 이곳이 올림피아 마을임을 알 수 있다. 하늘하늘 바람에 날리는 주름 드레스, 마른 월계수관, 올림피아 마을에서 만나는 광경이다.

고대 올림피아 유적지에 이르렀다. 올림픽 경기는 무성한 숲이 우거진 비옥한 땅에서 시작됐다. 기록상 최초의 올림픽은 기원전 776년에 개최되었고 달리기, 레슬링, 투창, 원반던지기, 높이뛰기의 다섯 종목이었다. 제우스신을 기리는 제전에서 출발한 올림픽은 남성들만 참여했고 여성들은 관람할 수 없었다.

헤라 신전은 기원전 7~6세기에 설립된 그리스에서 가장 오래된 신

남유럽 속으로

전 중 하나로 우리에게 제법 익숙한 곳이다. 올림픽 성화의 불꽃이 처음 태어나는 곳이다. 2016년 브라질 올림픽 채화식의 제사장 역할은 그리스 여배우 카테리나 레호우였다. 오목거울에 태양열로 불꽃을 일으킨 다음 '인류평화'와 올림픽의 성공을 기원하며 "아폴론 신이시여, 이 성스러운 불을 올림픽이 열리는 리우데자네이루로 보내주소서"라는 간절한 바람도 덧붙였다.

닷새 동안 열렸던 올림피아 제전은 작은 도시국가로 이루어졌던 그리스를 하나로 묶는 계기가 됐고 공통의 언어를 쓰는 '헬라스 정신'의 출발점이 되었다고 한다. 뙤약볕 아래 200여 미터의 주경기장을 달려 봤다. 우레 같은 함성이 들리진 않았지만 여기선 꼭 달려야만 할 것 같았다. 고대 올림피아를 떠나며 올림픽의 참 정신이 숲처럼 늘 푸르게 살아 있길 기원했다.

에게 해의 진주
빛에 씻긴 섬

아테네에 돌아와 이름만으로도 가슴 설레는 섬 산토리니로 출발했다. 비행기로 40여 분 남짓 날아 도착한 페리사 해변의 해안은 특이하게 검은 모래로 되어 있다. 어떤 가림막도 치장도 다 떨치고 태양과 정면하며 이 순간을 즐기는 사람들이 보였다. 키클라데스 해의 가장 남쪽 산토리니 바다엔 자연과 하나가 된 사람들의 자유가 있다. 섬 남쪽 끝자락엔 붉은 바위가 인상적인 레드 해변이 있다. 빨간색의 절벽과 검은 모래로 이루어진 게 전설의 아틀란티스 대륙이 이곳이 아닌가 하는 생각이 들었다. 아테네 박물관에서 보았던 프레스코화의 검은 땅, 붉은 땅의 배경이 바로 이곳이다.

투명한 에게 해에서 헤엄치는 기분은 어떨까? 바라보는 것만으로도 이렇게 충만해

산토리니 섬 Santorini

키클라데스 제도 남쪽 끝에 있는 섬
인구: 약 1만 3천여 명
면적: 73km²(제주도 면적의 약 1/20)

지는데 말이다.

원래 티라란 이름의 산토리니 섬은 몇 차례의 화산 폭발로 지금의 모습이 됐다. 섬의 토양은 비가 자주 오지 않아 척박하다. 먼저 관광객들이 그리 많지 않은 피르고스 마을에 들렀다.

미로처럼 좁게 난 골목, 아치형 터널이 곳곳에 있다. 서너 집 건너 작은 교회가 있다. 바로 그리스 정교의 교회당이다. 마을 곳곳에서 하얀 칠을 하는 장면이 눈에 띄었다. 하얗게 마을이 유지되는 비밀을 엿본 것 같았다.

아직 일몰 시간은 아니지만 사람들이 바다를 향해 앉아 있다. 한적한 마을에서 호젓한 여유를 즐기는 사람들이다. 척박한 토양 위에 자라는 포도밭도 한눈에 들어온다.

석양으로 이름 높은 이아 마을에 이르자 당나귀 방울 소리가 요란하게 울렸다. 종일 사람들을 실어나르는 일과를 마치고, 우리로 돌아가는 당나귀들이 피곤해 보였다.

사람들이 큰 구경거리를 앞둔 것처럼 운집해 있다. 에게 해 남쪽 키클라데스, 산토리니 이아 마을은 일생에 꼭 한 번 봐야만 한다는 아름다운 일몰이 펼쳐지는 곳이다. 단지 이 풍경을 보기 위해 전 세계 사람들이 모여들었다. 모두들 조용히 사위어가는 마지막 빛 한 줄기까지 아쉬워하며 가만히 앉아 석양을 감상한다.

붉은 체리토마토와 피스타치오는 산토리니의 특산품이다. 섬을 방문했던 때가 6월 말이었는데 붉은 고추를 말리는 우리네 농촌 풍경 같았다. 건조한 화산 지형 산토리니에서 지역 특성에 맞는 농산물을 생

석양이 아름다운 이아 마을

산해내는 일은 쉽지 않았을 것이다. 우리에게 누에콩으로 알려진 파바 콩Fava bean은 이곳 사람들의 전통 주식 중 하나다. 끝 맛이 달착지근한 이 콩은 단백질이 풍부해 땅에서 나는 고기라고 한다. 산토리니 화산 폭발에도 불구하고 살아남은 파바 콩 역시 포도와 같이 3천 년 전 고유 품종이란다.

"태어나서 평생 동안 한 번이라도 에게 해를 여행할 수 있다면 그는 축복받은 사람이다."『그리스인 조르바』의 작가 니코스 카잔차키스가 한 말이다. 그 한 번의 에게 해 여행이라면 역시 '에게 해의 진주' 혹은

피르고스 마을 풍경

산토리니 섬

몇 차례의 화산 폭발로 지형에 큰 변화가 있었다. 그럼에도 불구하고 3500년 전 도시의 모습이 이렇게 온전하게 남아 있는 건 놀라운 일이다. 상하수도 시설, 정교한 공예품, 잘 마감된 돌집과 아름다운 프레스코화가 발견된 이곳은 전설 속의 잃어버린 도시 아틀란티스를 떠올리게 하는 신비로운 유적임이 분명하다. 신석기 시대부터 사람이 살기 시작해 청동기 시대 유물과 유적이 잘 보존된 이곳은 대규모 도시가 있었음을 보여준다.

토마토 말리기(상)
파바 콩(하)

남유럽 속으로

'빛에 씻긴 섬' 산토리니를 빼놓을 수 없다. 그 말이 실감 나는 곳이 바로 피라 마을이다. 좁고 가파른 계단을 따라 호텔이 빼곡하게 들어서 있다. 호텔 앞은 바로 탁 트인 에게 해로 이어지는 환상의 전망이다.

어디를 보아도 그림엽서 같은 풍경이다. 흰 지붕의 교회들, 믿기지 않을 만큼 빼곡하게 들어찬 하얀 건물들. 그 속에 수많은 호텔과 레스토랑과 카페가 있다. 피라 마을 꼭대기에서 아름다운 또 하나의 가게를 발견했다. 유리를 이용한 화려한 작품들이 전시돼 있는 곳으로 밝고 강렬한 작가의 열정이 느껴졌다.

멋쟁이 예술가이자 아테네 토박이인 유리 공예가가 산토리니의 풍광에 반해 눌러 살게 된 것처럼 누구라도 산토리니의 밤 풍경을 보고서 오랫동안 설레지 않을 순 없을 것 같다.

산토리니를 떠나는 마지막 날, 교회 앞에 사람들이 모여 있는 걸 발견하고 차를 멈췄다. 교회 안에선 엄숙한 예배가 드려지고 있었다. 성령강림 대축일 예배를 드리며 음식을 나눠먹는 모양이다. 파바 콩죽이 큰 솥 안에 가득하다. 그들은 콩죽과 빵을 나누며 소박한 와인 한 잔으로 기뻐한다.

역사상 최초의
국제 무역 도시

　　　　　　산토리니를 떠난 고속 페리는 이오스, 파로스
섬을 거쳐 미코노스 섬으로 향한다. 세 시간의 항해 끝에 드디어 바람
의 섬 미코노스에 도착했다. 절벽 위의 마을, 산토리니와는 사뭇 다른
모습이다. 여섯 개의 풍차가 올려다보이는 바닷가의 파도소리가 여간
이 아니다. 풍차는 멈췄지만 카토밀리 언덕의 풍차는 이미 미코노스
섬의 상징이 되어 있다.

　풍차 바로 옆 여행정보센터에서는 기념품을
팔면서 미코노스 섬 관광정보도 친절히 안내
해주었다. 이 섬의 관광 1번지 리틀 베니스에
는 파도가 몰아치고 있었다. 파도와 바람이 한
몸되어 부딪히고 여기에 사람이 더하여 생생
한 영화의 한 장면을 연출한다. 이것이 미코노
스 섬에서 발견한 첫 번째 매력이었다.

　16세기에 지어졌다는 하얀 건물의 파라포르

미코노스 섬 Mykonos

그리스의 키클라데스
제도에 속한 섬
인구: 약 9천여 명
면적: 86km²

파라포르티아니 교회

티아니 교회가 보인다. 꼭대기의 작은 창문과 작은 종 하나 외엔 어떤 장식도 없다. 하얀색이 마음까지 하얗게 비워내는 듯하다.

이튿날 신화와 역사의 섬 델로스행 배를 탔다. 30분 정도밖에 걸리지 않는 가까운 거리다. 겨울엔 이곳까지 배가 다니지 않아 여름철 관광객들의 필수 코스다. 델로스 섬은 에게 해의 중심이며 고대 그리스인들이 가장 사랑했던 지혜와 예언의 신 아폴론의 출생지다. 키클라데스 Cyclades는 그리스어로 '주위'라는 뜻으로, 키클라데스 제도라는 이름은 주변의 모든 섬들이 작은 섬 델로스를 원처럼 둘러싸고 있다는 뜻에서 유래했다.

기원전 500여 년 전 델로스 섬은 세계 역사에 큰 획을 긋는 델로스 동맹의 결성지로 아테네를 비롯한 그리스 도시국가들의 금고가 있었다. 기원전 1세기, 이 섬에는 각종 신전과 호화로운 주택이 즐비하고 3

델로스 섬의 유적지

만여 명 가까운 각국 외교사절과 무역상들이 모여든 역사상 최초의 국제 무역도시였다. 그러나 이후 1900여 년 동안 역사 속에 묻혀 있다가 1872년 유적지가 발굴되면서 세상의 주목을 받게 됐다. 델로스 유적지에서 기원전 600년경 낙소스인들이 아폴로 신에게 바친 대리석 사자상도 볼 수 있다.

아폴론과 누이 아르테미스가 출생했다는 신성한 숲도 이곳에 있다. 수많은 신화와 전설, 그리고 역사가 곳곳에 서려 있어 델로스 섬이 신비하게 느껴졌다.

미코노스 섬에는 여러 곳에 해수욕장이 있다. 프사루 해변도 그중 하나다. 유난히 맑은 물빛은 잊을 수 없는 바다 색깔이다.

미코노스 섬은 그리스 전역에서 물가가 비싸기로 소문난 곳이다. 맛있고 음식값도 저렴한 식당으로 이름난 곳이 있어 찾아갔다. '안드레

프사루 해변

'아스 & 마리아 그릴 하우스'라는 이름의 이 식당은 올리브오일과 허브,
토마토소스가 기본 양념으로 고기 맛을 돋운다. 석쇠에 직접 구운 두

석쇠에 구운 양고기와 감자, 토마토

툼한 양고기와 감자를 내오는데, 양도
많아 지친 여행객의 허기진 속을 든든
히 채워준다.

다시 리틀 베니스가 있는 호라타운에
왔다. 이곳 역시 하얀 골목에 아름다운
가게와 집들이 빼곡하게 들어차 있다.
베틀에 앉아 옷감을 짜는 할머니를 만
났다. 60년째 베를 짜는 미코노스의 직
조 명인이다. 한 올 한 올, 6시간을 짜야
한 장의 스카프가 완성된다. 진정한 명

리틀 베니스 호라타운

품이란 이런 것이 아닐까? 미코노스는 오래전부터 손으로 짠 직물이
발달해 그 탁월함을 인정받고 있다.

섬을 떠나는 날 미코노스의 명물 펠리컨 새를 반드시 봐야 한다는
생각에 새벽같이 포구에 나왔지만 역시 보이지 않았다. 그곳에서 만난
농부 할아버지께서 펠리컨이 자고 있는 곳을 가르쳐주신다며 앞장섰
다. 촬영 내내 펠리컨의 행방을 찾았지만 꼭꼭 숨은 새는 보이지 않았
다. 일부 관광객과 취객들이 펠리컨을 괴롭히는 바람에 관리하는 여인
이 철저히 감시하고 있는 것 같다는 말에 많이 아쉬웠다. 아무래도 미
코노스에 다시 한 번 오게 될 것 같다.

이오니아 제도는 그리스 서해에 위치한 일곱 개의 섬들로 이뤄져 있다. 신화에 따르면 이오
니아는 아폴론 신과 아테네 공주 사이에 태어난 그리스 영웅 '이온'에서 나온 이름이라고 한
다. 베네치아, 러시아, 영국의 지배를 받아오면서 여러 나라의 문화가 그리스의 전통 문화와
어우러져 독특한 문화를 낳았다. 트로이 전쟁의 영웅들 중 가장 지혜롭다는 오디세우스의
고향 이타카에 얽힌 옛이야기가 숨어 있는 곳. 친구와 가족을 사랑하는 그리스인들의 소박
한 모습을 볼 수 있는 곳. 서양 인문주의의 출발점 그리스 서해 이오니아 제도로 떠난다.

오디세우스의 고향

그리스 서부 자킨토스 섬 외

이국적인 분위기를 연출하는
난파선 해변

그리스의 수도 아테네에서 비행기로 2시간 거리에 자킨토스 섬이 있다. 섬의 중심 자킨토스 타운의 번화가에는 성 디오니시오스 성당이 자리잡고 있다. '용서의 성인'으로 불리는 디오니시오스^{Dionysius} 성인은 1547년 자킨토스의 귀족으로 태어나 1622년 죽을 때까지 신부로서 많은 사람들에게 헌신한 인물이다. 인구의 98퍼센트가 그리스 정교도인 그리스인들은 좋은 일을 많이 한 성인들에게 간절히 기도를 하면 성인들이 기도를 들어줄 거라 믿는다.

자킨토스 북쪽에는 세계적으로 유명한 나바지오 해변이 펼쳐져 있다. 해변의 전망을 보기 위해 전망대가 설치된 곳을 찾았다. 전망대에는 관광객이 끊이지 않는다. 위에서 내려다보니 하늘색 바다 위로 떠다니는 배들이 마치 장난감처럼 느껴진다. 해변에 덩그러니

자킨토스 섬 Zakinthos

이오니아 제도의 섬으로
관광산업이 발달
인구: 약 1만 6천 명
면적: 407.6km²

놓여 있는 난파선 하나가 이국적인 분위기를 연출한다.

나바지오 해변까지 육로로 접근하기가 쉽지 않아 보트로 가보기로 했다. 브로미라는 항구에서 배를 타고 출발해 한 시간쯤 가다보니 멀리서 나바지오 해변이 모습을 드러낸다. 바다에 비친 햇빛이 눈에 별빛처럼 쏟아진다. 묘하게도 짙고 푸른 바다색이 나바지오 근처에서는 하늘색이 된다. 에메랄드 빛 바다가 펼쳐진 나바지오 해변은 약 200m 높이의 절벽으로 빙 둘러싸여 외부와 분리되어 있는데 마치 숨겨진 보석 같다. 과거에는 잘 알려지지 않았지만 최근 들어 세계 각국의 관광객들이 드나드는 아름다운 관광명소가 되었다. 드라마 〈태양의 후예〉 촬영지로도 유명하다.

남유럽 속으로

나바지오 해변의 난파선

　여행객들은 잠시 동안 주어진 시간을 이용해서 바다를 즐긴다. 이 해변의 이름 나바지오는 '난파선 해변'이라는 뜻이다. 바로 해변 한가운데 놓인 배 때문에 그런 이름을 갖게 됐다. 바닷가에 덩그러니 놓인 난파선을 보고 있자니 거대한 자연에 맞서는 사람들의 비극적인 이미지가 그려졌는데 정작 사연은 상상과 달랐다. 터키 선원들이 밀수품 담배를 싣고 이탈리아로 가던 중 큰 폭풍을 만나 나바지오 만에 정박했다가 밀수꾼으로 잡힐 것을 우려해 배를 놔두고 도망을 갔다고 한다. 그때 두고 간 배가 아직까지 남아 있다.

　나바지오 해변을 뒤로 하고 나오는 길에 바다가 빚어낸 갖가지 모습의 바위들과 마주친다. 그리스 사람들은 이 바위들로 새로운 이야기를 만들어냈다. 한참을 살펴보다가 근심에 잠긴 포세이돈 얼굴 모양을 한 바위를 겨우 찾았다. 일조량에 따라 달라지는 그리스의 바다는 여름이 깊어갈수록 점점 아름다운 하늘색으로 바뀐다고 한다. 마치 살아서 성장하는 생물처럼 말이다. 푸른 그리스를 보기에 가장 좋은 시즌은 5월에서 9월까지다.

오디세우스가
청혼한 이타카 섬

이른 아침 서둘러 선착장에 나갔다. 물안개가 희미하게 남아 있는 수면 위로 사람들이 먼 섬 하나를 응시한다. 바로 오디세우스의 고향 이타카 섬이다.

『오디세이』는 이오니아 출신으로 알려진 호메로스가 완성한 서사시로 주인공 오디세우스가 트로이와의 전쟁을 끝내고 10년에 걸쳐 온갖 고난을 헤쳐나가며 집으로 돌아가는 내용을 그리고 있다. 갓 결혼한 아내 페넬로페와 헤어지기 싫었지만 마지못해 전쟁에 참가했던 오디세우스는 지혜를 발휘해 거대한 목마로 트로이를 멸망시킨다. 그러나 귀향길에 포세이돈의 아들인 외눈박이 거인을 죽이는 바람에 신의 저주를 받아 10년간 바다를 떠돌게 된다. 천신만고 끝에 집으로 돌아간 오디세우스는 자신이 집을 비운 사이 페넬로페를 차지하기 위해 몰려든 108명이나 되는 구혼자들과 맞닥뜨리게 된다. 오디세우스는 그들을 모두 물리치고 마침내 아내와 재회하게 된다.

오디세우스의 고향 이타카 섬

오디세우스를 찾아가는 여정은 이타카 섬에서 제일 큰 마을인 바티 항에서 시작되었다. 과연 오디세우스의 섬답게 시내 곳곳에는 『오디세이』의 저자 호메로스의 동상이 있다. 방황하는 영웅 오디세우스와 그의 부하들의 동상도 비바람을 맞으며 꿋꿋하게 서 있다.

오디세우스가 신들이 결정한 고난의 여정을 겪어나가는 동안 절개를 지키려 애썼던 그의 아내 페넬로페의 조각상이 눈에 들어온다. 몰려드는 구혼자들 때문에 괴로워했을 페넬로페를 생각하니 변사또에게 수청을 강요받는 춘향이가 떠올랐다.

시내 곳곳에 『오디세이』에서 영감을 얻은 듯한 간판들이 눈에 띈다. 오디세우스에게 저주를 내린 포세이돈의 이름을 딴 포세이돈 식당도 있다. 오디세이 여관은 말할 것도 없고 우리말로 귀향이란 이름의 호텔도 보인다.

여러 조각상들과 함께 10년간 바다를 방황했던 오디세우스의 여정을 표시한 지도가 서 있었다. 자세히 보니 트로이 전쟁터와 이타카 섬 간의 거리가 너무 가까워 안타깝다. 학자들은 오디세우스가 소설 속 주인공이 아니라 실제 역사 속 인물이었다고 믿는다. 물속에 잠긴 도시의 입구라고 추정되는 루이조 동굴에서 나온 유물 때문이다. 1940년대 지진으로 무너졌던 루이조 동굴에서는 오디세우스 시대의 다양한 물건들이 나왔다. 그 물건들 중에 '오디세우스의 소원'이라고 쓴 비문 하나가 발견되는데, 학자들은 이것을 이타카 섬이 오디세우스의 고향이자 그의 궁전이 있었던 곳이라는 결정적인 증거로 본다.

오디세우스의 궁전이라 추정되는 곳은 섬 북쪽 스타브로스 마을에 있다. 오디세우스가 살았을 것으로 추정되는 미케네 시대 귀족들의 목욕터다. 옛날 페넬로페에게 청혼하기 위해 그리스 각지에서 남자들이 몰려온 곳이 바로 이곳이었을 것이다. 비록 돌무더기 외에 아무것도 남아 있지 않더라도 여행객들은 영웅의 흔적을 보기 위해 여전히 이곳을 찾는다. 오디세우스의 궁전은 얼마 전까지 한창 발굴이 진행 중이었지만, 지금은 경제적 이유로 잠시 중단된 상태였다.

궁전터 아래로 해변이 내려다보인다. 오디세우스가 고향에 돌아왔다고 기뻐했던 바로 그 해안일지도 모른다. 이미 늙어버린 오디세우스가 이룬 소원은 무엇이었을까? 영원히 머물 집에 돌아왔다는 것일까? 어쩌면 우리는 모두 자신의 집에 돌아가려고 고군분투하는 오디세우스이자 페넬로페일지도 모른다.

오디세우스 동상

페넬로페 동상

소박하고 꾸밈없는
그리스 음식

　　자킨토스의 음식문화를 경험하기 위해 자킨토스 여성협회를 방문했다. 자킨토스 마을 여성들로 구성된 여성협회에서는 그리스 집밥에 사용되는 각종 올리브와 향신료들을 생산해 마을 사람들과 나눠 쓰기도 하고 해외에 수출하기도 한다.

　여성협회 회원 한 사람이 이불 속에 꽁꽁 싸놓은 빵을 보여준다. 이

빵은 자킨토스에서 생산한 밀로 만드는데 화덕에 구운 후 천천히 식히기 위해 이불 속에 넣어둔다고 한다. 그리스 빵의 특징은 단단하다는 것이다. '그리니아스'라고 불리는 흑밀로 만드는 흑빵은 올리브오일에 그대로 찍어먹는 건강식이다. 단면이 거칠어 보이지만 올리브오일과 궁합이 아주 잘 맞는다고 한다.

　그리스 음식은 간소하고 꾸밈이 없는 소박한 식단이다. 고대부터 요리를 과학이자 예술로 여겨온 그리스의 전통이 어우러져 프랑스, 이탈리아와 함께 서양 3대 요리에 속한다.

　그녀가 오레가노, 백리향 이파리,

전통음식점 메제도폴리오

그리고 토마토와 올리브에 흑빵을 곁들여 먹어보라고 권하더니 이번엔 올리브 페이스트를 만들어준다. 씨를 뺀 올리브에 올리브오일을 넣고 소금이나 마늘 등을 첨가한 다음 믹서에 돌리면 된다. 이걸 빵에 찍어 먹으면 짭짤한 맛이 빵과 잘 어울린다.

마을 사람들이 좋아하는 전통음식점 메제도폴리오가 근처에 있다는 얘기를 듣고 찾아가보기로 했다. 음식점의 주인은 3대째 그리스 지역에서 나는 포도종자로 와인을 만들어왔다고 한다.

그리스 와인은 고대 세계에서 가장 중요한 와인이었다. 지금도 그리스에선 많은 와인을 생산하는데, 특히 이 마을 적포도에서 아주 특별한 흑색 레드와인이 나온다고 한다. 10년 전 수확한 와인의 빛깔을 보니 그리스인들의 자부심처럼 선명한 붉은색이다.

이 식당의 대표요리는 호박꽃 튀김이다. 5월에서 여름까지 피는 호박꽃으로 만드는 제철음식으로 아침 일찍 딴 호박꽃 속에 치즈를 넣

소박한 그리스 밥상 치즈 파이와 호박
꽃 튀김 등으로 차려진 식탁

페타치즈와 라도티리치즈 페타치즈는 산양과 염
소의 젖으로 만들어 소금물에 담가 숙성시키는 치
즈로 페타는 얇게 썬 조각이라는 뜻이다. 한편 라도
티리치즈는 올리브오일 속에서 숙성시켜 아주 강한
맛이 나며 페타치즈와 함께 이오니아 지역의 대표
치즈다. 이런 숙성법을 통해 냉장고가 없던 시절 치
즈가 상하는 것을 막을 수 있었다. 아주 오래전에 사
용한 방법이 아직까지 활용되고 있다.

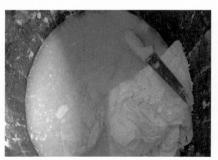

남유럽 속으로

고 튀겨내는 요리다.

자킨토스의 전통음식과 그리스 지역 음식들로 식탁이 차려졌다. 정성스레 준비한 호박꽃 튀김, 그리스 사람들이 좋아하는 치즈 파이, 구운 가지요리와 그리스 요리에서 빠질 수 없는 페타치즈다. 단순하면서도 재료의 질감을 잘 살린 그리스 음식 특유의 맛이 느껴진다.

자킨토스 사람들은 수백 년 동안 같은 장소에서 뿌리내려왔다. 식당 주인에게 건물의 내력을 물어보니 한때 마구간으로 사용했던 건물 내부도 보여주었다. 아늑해 보였다. 손님에게 내주기도 하고, 겨울에는 친구들과 사랑방으로 쓴다는 설명이다.

평화롭고 목가적이며 낙원 같은 자킨토스 마을 현지인에게 행복하냐고 물었다. 그는 행복에 대해 아주 넓게 생각하라고 말했다. '행복 아니면 불행'처럼 흑백으로 갈리는 게 삶이 아니라면서 말이다. 우문현답이다.

터키의 지배를 받지 않은
코르푸 섬

코르푸(그리스어로는 케르키라) 섬으로 향했다. 코르푸 섬에서 제일 먼저 눈에 띈 것은 코르푸 도심을 굽어보는 성채였다. 비잔틴 제국이 처음 세우고 15세기에 베네치아인들이 완공한 옛 성채는 오랜 세월 터키 오스만 제국과 공성전을 벌였던 코르푸의 역사를 고스란히 보여준다. 그리스의 다른 섬과 마찬가지로 코르푸 섬도 많은 외침을 받았다. 그리스 전체가 400년이라는 오랜 기간 동안 터키에 점령당할 때, 코르푸 섬을 포함한 이오니아 제도의 섬들은 터키의 지배를 받지 않았다.

코르푸 섬 Corfu

이탈리아로 가는 관문으로 이오니아 제도 중 가장 널리 알려진 섬
인구: 약 10만 7천 명
면적: 613.6km²

유서 깊은 코르푸 올드타운은 거리 전체가 유네스코 세계문화유산으로 지정되어 있다. 집집마다 빨래를 스스럼없이 걸어놓은 풍경이 재미있다. 가혹하게 내리쬐던 햇살이 옅어지고 올드타운에 어둠이 내리면 가로등이 하

타베르나 식당

나둘 켜지고 낮잠에서 깨어난 가게들이 다시 문을 연다.

  금요일 저녁 우연히 만난 민속무용팀의 초대로 그리스의 전통음식점인 타베르나Taverna를 방문했다. 주문을 받아 음식을 만드는 타베르나의 대표 음식은 바로 숯불에 구워먹는 그리스의 전통 꼬치구이 수블라키Souvlaki다. 재료 본연의 맛을 살리는 그리스 음식답게 수블라키도 양고기나 돼지고기, 닭고기에 소금과 후추만 뿌리고 숯불에서 구워서 그릭샐러드와 함께 낸다. 그리스 요리에 페타치즈가 빠질 수 없다.

  전통 무용팀은 '루가rouga'라는 코르푸 전통 춤을 추었다. 중요한 절기나 결혼식에서 주로 추는 춤으로 그리스에서는 사회적인 결속을 다지는 중요한 의미가 있다. 그리스 본토의 영향을 받은 코르푸 춤 '메시

남유럽 속으로

Messie'도 추었다. 밤이 무르익자 손님들도 손에 손을 잡고 그리스의 전통 춤사위에 참가한다. 달밤에 손을 잡고 춤을 추는 사람들을 보니 우리 '강강술래'가 생각났다.

다음날 아침 숙소 근처 성당에서 결혼식이 열린다는 얘길 듣고 찾아갔다. 늦깎이 신랑신부가 아기를 데리고 입장한다. 이처럼 뒤늦게 결혼식을 올리는 것을 보니 그리스의 불안한 경제 상황이 짐작되었다. 오늘 결혼식 후에는 아기 세례식도 함께 열릴 예정이라고 한다. 그리스의 결혼식은 아주 길다. 결혼식이 거의 2시간 가까이 진행되었는데, 계속서 있어야 하는 신랑이 무척 지쳐 보였다.

그리스의 결혼식은 들러리가 신부 손에 반지를 끼워주는 것으로 시작한다. 주례 신부가 스테파니라는 동그란 링을 신랑과 신부의 머리에 씌워준다. 그리고 마지막으로 주례를 맡은 신부가 신랑신부의 손을 잡고 제단을 세 번 돌며 축복한다. 두 사람의 사랑이 영원히 계속되기를 기원하는 의식이다.

결혼식이 끝나고 아이를 위한 세례식이 이어졌다. 우리에게 돌잔치가 중요한 가족 행사인 것처럼 그리스에서 아이의 세례식은 큰 행사다.

결혼식이 끝나자 사람들이 다들 손에 쌀 주머니를 쥐고 신랑신부를 기다리고 있다. 풍요로운 결혼생활이 되라는 의미에서 신랑신부에게 쌀을 던지는 것이다. 축복의 쌀이 마치 비처럼 커플에게 쏟아진다. 많은 사람들의 축복을 받고 서 있는 신랑과 신부가 행복해 보였다. 이렇게 또 하나의 가족이 탄생했다.

비운의 황후
시시의 별장

코르푸에서 빼놓을 수 없는 관광지가 있다. 바로 오스트리아 합스부르크 왕가의 마지막 황후 엘리자베스 폰 비텔스바흐Elisabeth von Wittelsbach의 별장인 아킬레온 궁전이다. '시시sisey'라는 애칭으로 불린 엘리자베스는 자유로운 정신과 미모를 소유했던 여인으로 오스트리아 황후 후보였던 언니가 선을 보는 자리에 동행하면서 운명이 바뀌게 되었다. 황제가 자유분방한 엘리자베스에게 매력을 느껴 첫눈에 반해버린 것이다.

아킬레온 궁전

　뮤지컬로도 만들어질 만큼 그녀의 일생은 파란만장했다. 황제의 어머니는 엘리자베스의 감정적이고 낭만을 좋아하는 기질을 싫어했고, 시어머니와의 불화로 황후는 양육권마저 빼앗기게 된다. 별장은 시어머니와의 불화를 못 견딘 엘리자베스 황후가 오스트리아의 궁을 떠나 그리스에 살게 되면서 세운 궁전이다. 엘리자베스의 불행은 계속되어 외아들마저 애인과 함께 자살했다. 장남의 죽음으로 후계자가 사라지자 왕위는 황제의 동생에게 계승되고 계승자가 암살되면서 제1차 세계대전이 일어나게 된다.

　격동의 시대를 살아간 엘리자베스는 1938년 이탈리아의 한 무정부주의자에 의해 암살당했다. 정원 한편에 그녀가 좋아했다는 죽어가는

죽어가는 아킬레우스 조각상

아킬레우스를 묘사한 조각상이 있다. 두 사람의 비극적인 죽음이 많이 닮은 것 같다.

코르푸 섬 북동쪽에 있는 옛날 마을 페리티아로 향한다. 코르푸에서 가장 오래된 마을 페리티아는 14세기부터 사람들이 살기 시작했다고 하는데 지금은 아무도 살지 않는 수수께끼 같은 마을이다. 페리티아가 다시 관심을 받게 된 것은 독일의 관광객들이 인터넷에 걷기 좋은 트레킹 코스로 소개하면서부터다.

주민들이 다 사라진 페리티아 마을에 유일하게 남은 가족은 여기서 4대째 식당을 운영하고 있는 디아만디나 할머니네다. 한때는 풍요롭던 이 마을은 경제적인 이유로 이웃들이 하나둘 사라지면서 이제는 추억

한 가족만 남은 페리티아 마을

만 남았다. 페리티아에서 태어난 1938년생 할머니는 자신이 예전에 다니던 학교를 보여주겠다며 앞장섰다. 이제는 돌무더기만 남은 학교지만, 할머니의 눈에는 여전히 사랑하는 친구들과 함께하던 아름다운 장소일 것이다. 이제 할머니 옆엔 손자가 있다.

어느 날 수십 년 후에 다시 오더라도 할머니네 식당은 여전히 남아 있지 않을까? 그리스를 진짜 빛나게 만드는 매력은 찬란한 태양이나 웅장한 유적이 아니라 오랜 세월 전해진 사람답게 사는 지혜라는 것을 깨닫는다. 쾌활했던 그리스 서부 사람들과의 기억을 남기고 아름다웠던 시간을 가슴에 담는다.

하루를
살아도
즐겁게

스페인 / 포르투갈

지금, 여기가 천국: 스페인 남부 네르하 외

가슴 뛰는 삶을 살라: 스페인 북동부 바르셀로나 외

걷다, 쉬다, 사랑하다: 스페인 북서부 산티아고

신비로운 자연의 에너지: 포르투갈 포르투·리스본

이탈리아 로마에서 비행기로 2시간 30분이면 스페인 남부 말라가에
도착한다. 말라가에서 1시간 거리에 안달루시아가 있다. 지중해와 닿
아 있는 안달루시아 지방의 해변을 일컫는 말은 태양의 해변이라는
뜻의 '코스타 델 솔'이다. 네르하는 그 해변 동쪽 끝 부분에 자리 잡은
작고 아담한 관광 휴양도시다. 코발트블루의 아름다운 바다를 품고
있는 도시 네르하에서 이번 여행을 시작한다.

지금,
여기가 천국

스페인 남부 네르하 외

북유럽인들이
동경하는 네르하

　　계절은 이미 겨울이 목전인데, 때 아닌 해수
욕을 즐기고 있는 사람들이 있다. 스페인 남부 '코스타 델 솔(태양의 해
변)'에서만 가능한 풍경이다. 계단을 따라 바다로 내려갔다. 한가롭게
따스한 햇살을 즐기는 사람들이 눈에 띈다. 연중 300일 이상 쾌청한
날씨와 풍부한 햇볕은 이곳의 자랑거리다. 태양의 해변답게 내리쬐는
햇살이 강렬하다. 복잡한 일상을 벗어나 대자연을 온전히 느껴보는 여
유. 이것이 지중해 여행이 주는 선물이 아
닐까?

　절벽 위에 위치한 네르하는 '유럽의 발
코니'라 불린다. 자세히 살펴보면 절벽이
실제 발코니처럼 돌출되어 있다. 지금까지
본 발코니 중 가장 예쁘고 낭만적이다. 작
은 마을에 불과했던 네르하가 세상에 알
려지게 된 건 스페인의 국왕이었던 알폰

네르하 Nerja
....

유럽의 발코니라고 불리는
스페인 남부 휴양도시
인구: 약 2만 2천 명
면적: 85km²

부리아나 해변

소 12세 덕분이다. 그는 아름다운 경치에 감동받아 이 지역에 '유럽의 발코니'라는 이름을 붙여줬다. 발코니에서는 지중해의 아름다운 풍광은 물론 네르하의 작고 아담한 해변과 스페인의 이국적인 풍경을 만들어주는 하얀 집들을 모두 조망할 수 있다.

유럽의 발코니에서 10분 거리에 부리아나 해변이 있다. 아름다운 지중해를 더 가까이 느껴보고 싶은 마음에 전문가를 찾아나섰다. 요즘 유행이라는 카약을 타보기로 했다. 카약은 에스키모인이 일상에서 사용하던 길이 약 7m, 너비 50cm의 무동력 소형 배다. 무게는 혼자 들을 수 있을 정도로 가볍다.

운전법은 배의 가운데에 있는 동그란 구멍 속에 발을 쭉 뻗고 앉아 노를 X자로 번갈아 돌리면 된다. 카약의 특징은 속도가 빠르고 높은

부리아나 해변의 폭포

파도에도 잘 견딘다는 것이다. 15분간의 실전 적응훈련 후 드디어 지중해로 출발했다. 균형을 잡는 일이 꽤 어려웠다. 갈팡질팡 꼬불꼬불 구부러진 해변의 바닷길을 지나기가 생각만큼 쉽지 않았다. 문득 우리네 인생사와 비슷하다는 생각이 들었다. 1시간을 달리다 보니 최종 목적지인 폭포에 다다랐다.

　속이 훤히 비치는 에메랄드 빛 바다를 뒤로하고 해변으로 돌아왔다. 사람들은 아름다운 지중해와 태양에 취한 듯 편안한 휴식을 취하고 있다. 네르하가 북유럽인들에게 동경의 땅이 된 데에는 태양 아래 펼쳐지는 여유로움이 한몫했을 것이다.

　지금까지 지중해의 멋을 봤다면 이번엔 지중해의 맛이 궁금했다. 해산물들이 얼핏 보기에도 싱싱하다. 정어리 구이를 주문하자 '에스페토'

라는 긴 꼬챙이에 싱싱한 정어리를 꽂더니 굵은 소금을 뿌리고 뜨거운 숯불에 굽기 시작한다.

겉보기엔 간단하지만 숯불과 생선 사이의 거리, 불의 세기, 적절한 시간 등 끊임없이 많은 부분에 신경을 써야 한다고 한다. 주문을 받고 나서야 숯불에 넣고 굽기 시작하기 때문에 육즙이 빠지지 않아 촉촉하고 고소하다. 같이 먹을 수 있는 전통요리들을 주문했다. 주문한 음식들이 하나둘 도착한다. 풍성한 식탁이 차려졌다.

과연 어떤 맛일까? 정어리 껍질은 야들야들하고 바삭했고 살은 고소하고 담백했다. 닭고기와 돼지고기, 그리고 각종 해물을 넣은 스페인식 볶음밥인 해물 파에야Paella는 우리 입맛에 딱이다. 올리브오일에 피망가루, 말린 고추에 싱싱한 새우를 넣고 끓인 감바스 알 필필Gambas al Pil Pil은 매콤하면서 상큼하다.

모두 싱싱한 바다의 맛이다. 지중해의 맛과 경치가 어우러지니 지상낙원이 따로 없다. 늘 무언가를 위해 바쁘게 달려온 지난날들을 잊고 아무 생각도 하지 않은 채 마냥 걸었다. 여기서는 그래도 될 것 같았다.

정어리 꼬치구이(상 우측) 감바스 알 필필과
해물 파에야(하 우측)

은퇴 후 유럽인들이
살고 싶어하는 마을

　　　　　말라가 남부 해안의 산허리에 자리 잡은 '미하스'를 찾았다. 기원전 6세기에 건설된 평균 고도가 428m에 이르는 고산도시다. 동화 같은 마을 미하스에서 가장 먼저 눈에 들어오는 것은 마을 전체에 빼곡한 하얀 건물들이다. 안달루시아 전통 주택인 '푸에블로 블랑코'는 하얀색 벽에 붉은색 지붕이 특징이다.

　하얀 동화 속 마을에 자리한 그림 같은 카페를 찾았다. 커피 한잔이 주는 행복과 여유가 힐링과 위로로 다가온다. 문득 언제부터 왜 이렇게 하얀색으로 집을 지었는지 궁금했다. 카페 직원은 강렬한 태양빛을 반사시키기 위해 집 외벽에 하얀 석회를 바른 것이 이곳의 전통이 되었다고 설명한다. 미하스는 안달루시아에 있는 백색의 도시들 중 가장 아름다워서 '안달루시아의 에센스'로 불린다.

미하스 Mijas

고산도시로 안달루시아 전통 주택 '푸에블로 브랑코'가 유명한 곳
인구: 약 7만 3천 명
면적: 148.8km²

미하스의 전통 주택 '푸에블로 브랑코'

　미하스에는 또 하나의 특이한 명물이 있다. 도시 곳곳에서 볼 수 있는 당나귀 모양의 장식들이다. 심지어 도시 이름에도 당나귀 모양의 글자를 만들어 넣었다 .

　마을 중앙에 위치한 당나귀 동상은 아이 어른 할 것 없이 모두에게 인기다. 알고 보니 미하스의 상징이 당나귀였다. 미하스에는 다른 곳에서는 볼 수 없는 독특한 탈 것이 영업 중인데 바로 당나귀 택시Burro Taxis다. 마차를 달아서 탈 수 있게 만든 것과 마차 없이 그냥 당나귀 등에 타는 것 두 가지가 있다. 광장 중앙에 위치한 당나귀 택시 정류소에서 둘 중에 골라서 탑승이 가능하다.

　어떻게 당나귀가 미하스의 명물이 되었을까? 당나귀 택시기사에 따르면 고산지대인 이 마을의 주된 운송수단이 당나귀였는데, 관광 붐

　　　　　　　　　　　　　　　남유럽 속으로

미하스의 명물 당나귀 택시

이 일고 관광객들이 모여들면서 당나귀를 미하스의 상징으로 생각했다고 한다. 그래서 돈을 주고 당나귀들을 타보기 시작했고 그것이 당나귀 택시가 생기게 된 계기가 되었다는 설명이다.

당나귀 등에 타서 미하스를 둘러보기로 했다. 마을을 둘러보는 데 25분 정도가 소요된다. 또각또각 당나귀 발굽소리와 함께 주위를 돌다보니 미하스의 아름다운 풍경이 색다르게 다가온다. 세르반테스가 쓴 소설 『돈키호테』에 등장하는 하인 산초의 당나귀가 떠오른다. 평화롭고 예쁜 그림 같은 풍경에 아기자기한 골목을 지나고 있자니 시간을 거슬러 마치 중세시대로 되돌아간 듯했다.

미하스의 다른 명소 '바위 성모 은둔지'라 불리는 성당으로 향했다. 이 성당은 10세기 초 바위를 뚫고 돌을 쌓아서 만든 성당으로 미하스

10세기 초 바위를 뚫어 만든 '바위 성모 은둔지 성당'

의 수호 성녀 페냐를 모신 곳이다. 현재 성당이 자리한 성벽에 수백 년 넘게 성모 마리아 상이 숨겨져 있다가 16세기에 발견됐다는 이야기가 전해져 온다. 동굴처럼 생긴 성당 안에는 미사를 드리는 제단이 마련되어 있다. 십자가 주위에는 소망을 담은 목걸이들과 소원을 적은 쪽지들이 여전히 남아 있다. 벽 한쪽에는 성물들이 전시 중이다. 바위 성모 은둔지 성당은 마을 사람들에게 아주 중요한 곳이었다. 지금은 없어졌지만 예전에는 이 성당 안에 여자 머리카락이 가득했다고 한다. 여자들이 머리카락을 잘라서 성녀 상에 소원을 빌었기 때문이다. 사람들은 성녀가 존재한다고 믿을 만큼 성녀에 대한 믿음이 아주 강했다.

미하스의 또 다른 명소는 전망대다. 해안으로 7km 정도 떨어진 산중턱에 위치한 전망대에 오르면 눈이 시리도록 푸른 지중해가 파노라마처럼 넓게 펼쳐진다. 맑은 날에는 지중해 넘어 아프리카까지 볼 수 있다. 많은 유럽인들이 은퇴 후 살고 싶어한다는 미하스. 직접 와보니 그 이유를 알 것 같았다.

헤밍웨이가 사랑한
마을 론다

미하스를 떠나 절벽마을 론다를 찾아나섰다. 론다는 거대한 협곡을 가로지르는 누에보 다리의 웅장함과 광활한 대자연의 매력을 동시에 만끽할 수 있는 곳이다.

'새로운 다리'라는 뜻의 누에보 다리는 론다를 구시가지와 신시가지로 나누는 높이 120m, 길이 30m의 다리다. 양쪽의 깎아지른 듯한 절벽을 이어서 무려 40여 년에 걸친 공사 끝에 1793년에 완공했다. 완공 당시 건축가는 너무 감격하여 다리의 측면 아치에 자신의 이름과 완공날짜를 새기려다가 그만 협곡 아래로 떨어져 죽었다는 슬픈 이야기가 전설처럼 전해 내려온다. 론다의 대표적인 상징물이자 스페인을 상징하는 명물이 된 누에보 다리를 보기 위해 매년 전 세계에서 수많은 관광객들이 이곳을 방문한다.

론다 Ronda

평균 고도 723m 절벽 위에 위치한 근대 투우의 발상지
인구: 약 4만 명
면적: 481.31km²

누에보 다리

　론다의 평균 고도는 723m다. 기원전 6세기 켈트족이 최초로 이 지역에 정착촌을 세웠고, 이후 고대 페니키아인과 로마, 이슬람의 지배를 받았다. 아치형 벽돌 기둥들이 인상적인 아랍 목욕탕 터도 남아 있다.

　론다를 특별하게 만든 이는 퓰리처상과 노벨문학상을 받은 미국 소설가 어니스트 헤밍웨이다. 헤밍웨이는 론다의 투우장 앞에 헤밍웨이의 기념동상이 세워질 만큼 론다의 절경과 투우를 사랑했다. 그가 이곳을 자주 찾았던 이유는 론다가 근대 투우의 발상지로 유명하기 때문이다. 근대 투우의 창시자이자 전설적인 투우사인 프란시스코 로메로Francisco Romero도 론다 출신이다.

　론다의 투우장(플라사 데 토로스)은 1785년에 세워졌는데 스페인에서 가장 오래된 투우장 중 하나다. 지름이 66m이고 최대 수용 인원이 약

남유럽 속으로

아랍 목욕탕

6천 명인 원형 경기장이다. 투우장 안에 있는 투우 박물관에서 투우의 역사를 한눈에 살펴볼 수 있다. 17세기까지 투우는 기사가 말을 타고 싸우는 귀족들의 스포츠였다. 17세기 말 론다의 투우사 프란시스코 로메로가 말에서 떨어졌는데, 입고 있던 웃옷을 벗어 땅에 선 채 소를 물리친 것이 근대 투우의 시작이었다고 한다.

투우의 기원은 고대 농업의 풍요를 위해서 소를 제물로 바치는 종교 의식에서 시작되었다. 투우 경기에서 소는 자연을, 투우사는 인간을 상징했다고 한다. 아치형 출입구를 따라 관중석이 바라보이는 경기장으로 들어갔다. 경기장에 서서 투우사의 숨결을 느껴본다.

론다에 위치한 한 투우 목장을 찾았다. 실제 투우 소를 만나볼 수 있다고 해서 나선 길이다. 투우 소는 야생성이 강해서 길들여지지 않는다고 한다. 다가갈 수는 있어도 사람이 몸에 손을 대는 건 절대 허락하지 않는다. 목장에 있는 수십 마리의 소들은 고대 유럽에 살던 야생 황소의 후예들인데 거의 암컷과 어린 소들이다.

한 마리의 우수한 수소가 수십 마리의 암컷 소를 거느리는데 투우용 수소는 그냥 봐도 일반 황소와 구분될 만큼 야생성이 강하다.

투우 연습장을 찾았다. 투우경기에는 카포테라고 불리는 유인용 천이 사용되는데 이 천을 통해 사납게 달려드는 소의 뿔을 피할 수 있다. 투우사는 가슴을 펴고 카포테를 이리저리 움직여 황소를 이끌어야 한다. 보통 소가 붉은색을 보면 흥분한다고 생각하지만 사실 소는 색맹이다. 그래서 움직이는 사물에만 반응한다.

투우사도 경기를 할수록 점점 더 공포심이 커진다는데 끝까지 떨지 않고 싸울 수 있는 용기와 정신력이 가장 중요하다고 한다. 투우는 황소와 투우사가 투우장에서 조화롭게 만들어내는 세상에서 하나뿐인 예술작품이다. 론다에서의 하루는 근대 투우의 역사와 대자연의 웅장함을 실감하는 소중한 시간이었다.

남유럽 속으로

론다 투우장 앞에 세워진 헤밍웨이 동상

투우장의 상징 황소 동상

콜롬버스의 묘가 있는
세비야 성당

　　　　　다음으로 도착한 곳은 마드리드, 바르셀로나, 발렌시아에 이은 스페인 제4의 도시 세비야다. 과달키비르 강이 흐르는 항구도시 세비야는 스페인이 '해가 지지 않는 대제국'으로 강성했을 때 최고의 황금시대를 누렸다. 15~17세기에는 신대륙과 통하는 관문으로 유럽의 무역을 책임졌고 당시 인구가 지금보다 더 많았을 정도로 번영했다. 경제발전과 더불어 건축과 예술 모든 분야에서 다양한 문화가 공존하며 성장했다. 지금도 여전히 이곳의 풍경들은 저마다의 개성과 매력을 뽐낸다.

　세비야는 고대 페니키아인들에 의해 세워졌고 로마와 이슬람제국의 지배를 거쳐 13세기에 이르러서야 지금의 스페인 영토가 되었다. 지금도 도시 곳곳에 남아 있는 진한 이슬람 문화의 흔적은 세비야를 스페인 내에서도

세비야 Sevilla

과달키비르 강 연안에 위치한 안달루시아의 중심지
인구: 약 70만 명
면적: 140km²

세비야 대성당

가장 이국적이며 인상적인 관광명소로 기억하게 한다. 그중 알카사르
('궁전'을 뜻하는 아랍어) 궁전은 이슬람과 스페인 양식이 결합한 전형적
인 무데하르(기독교도에게 정복당한 스페인의 이슬람교도를 말함) 양식의 건
축물이다.

세계에서 세 번째로 큰 세비야 대성당은 바티칸의 산 피에트로 대
성당, 런던의 세인트 폴 대성당 다음으로 큰 성당이다. 1402년부터 약
100여 년에 걸쳐 건축되었고 이슬람 예배당이 있던 자리에 고딕양식으
로 세워져 빼어난 조형미를 자랑한다. 거대한 내부는 진귀한 보물들로
가득하다. 마요르 예배당은 약 1.5톤의 금으로 제작된 세비야 대성당
의 주 제단으로 1천여 명의 성경 속 인물들이 섬세하게 조각되어 있다.

콜럼버스의 묘가 안치된 성당 내부

대성당에는 세비야를 이슬람교도로부터 되찾은 산 페르난도 왕을 비롯해 스페인 중세기 왕들의 유해가 안치되어 있다.

특히 여행객에게 인기가 있는 것은 '콜럼버스의 묘'다. 아메리카 대륙을 발견하여 스페인에 부와 영광을 안겨준 콜럼버스의 유해가 성당에 안치되어 있는데 스페인의 옛 왕국을 통치하던 네 명의 왕들이 관을 메고 있다. 앞쪽 두 사람의 발이 유난히 반짝인다. 오른쪽 발을 만지면 사랑하는 이와 세비아를 다시 찾을 수 있고 왼쪽을 문지르면 부자가 된다는 이야기가 전해온다.

성당 꼭대기 히랄다 탑에 오르면 세비야 시내를 볼 수 있는데 세비야는 모차르트 오페라 〈돈 조반니〉, 로시니의 〈세비야의 이발사〉를 비

극장식 반원 형태를 띈 스페인 광장

롯해 무려 25개 오페라 작품의 배경이 된 도시로 유명하다. 세비야의 풍요로움은 예술가들에게도 많은 영감을 준 듯하다.

스페인에서 가장 아름답다고 알려진 스페인 광장은 1929년 스페인 엑스포 당시 라틴 아메리카 박람회장으로 사용하기 위해 조성된 광장 이다. 극장식 반원형으로 이뤄진 건물은 어디에서 사진을 찍어도 작품 사진이 될 만큼 빼어난 모습을 하고 있다. 특히 스페인 58개 도시의 특 징을 채색 타일로 장식한 벤치가 눈길을 끈다.

전 세계 관광객들이 찾는 스페인 광장은 배우 김태희가 플라멩코를 춘 CF의 배경지로 유명하다. 세비야는 플라멩코의 본고장이다. 시내 곳곳에서 플라멩코를 추는 사람들을 만날 수 있다. 플라멩코는 15세

남유럽 속으로

스페인 전통 춤 플라멩코

기 스페인 남부 안달루시아 지방에 정착한 집시들에 의해 만들어지고 전파되었다. 오랫동안 떠돌며 방랑생활을 하던 집시들은 자신들의 슬픈 처지를 노래와 춤으로 표현했는데, 이것이 오늘날의 정열적인 플라멩코가 되었다고 한다. 플라멩코는 보는 것이 아니라 느끼는 것이다. 겉보기에는 선정적이지만 그 속에 깊은 슬픔이 담겨 있다. 잃어버린 연인이나 가족에 대한 깊은 한과 그리움이 눈빛과 손동작, 발동작으로 표현된다. 스페인어 '플라멩코'는 '오만'을 뜻한다고 한다. 오만한 세비야의 밤이 깊어간다.

피카소의 고향
말라가

        지중해 코스타 델 솔의 중심도시이자 항구도시인 말라가로 향했다. 기원전 13세기 고대 페니키아인들이 처음 건설한 말라가는 로마와 이슬람의 지배를 번갈아 받았다. 15세기에 가톨릭 군주가 영토를 탈환하여 지금의 모습을 갖추게 됐다. 말라가는 연중 320일 동안 해가 비치는 환상적인 해양성 기후를 갖고 있다.

  게다가 도시 바로 옆에 해변들이 펼쳐져 있어서 시내와 바다를 동시에 즐길 수 있는 인기 휴양지다. 고대 로마시대부터 번성한 유럽에서 가장 오래된 항구 중 하나로 지금도 10개의 대규모 부두에 전 세계의 초호화 여객선과 대형 선박의 출입이 끊이지 않는다.

  시내 동쪽 언덕에는 알카사바^{Alcazaba}라는 11세기에 완성된 이슬람 궁전이자 요새가 있는데 스페인에 있는 알카사바 중 가장 보존

말라가 Malaga
....

스페인 남부 코스타 델 솔의 중심도시이자 파블로 파카소의 고향
인구: 약 60만 명
면적: 395km²

파블로 피카소
92세로 세상을 떠나기 전까지 1만 3,500여 점
의 그림과 700여 점의 조각 작품을 포함해 총
3만여 점을 남긴 열정의 화가다. 대표작으로
〈꿈〉〈아비뇽의 처녀들〉〈게르니카〉가 있다.

메르세드 광장의 피카소 동상

피카소 박물관

상태가 좋다. 말라가는 고대 페니키아 문화에서부터 이슬람과 가톨릭의 문화까지 다양한 문화가 공존한다. 그 다양함이 말라가의 큰 매력이기도 하다.

말라가를 더 특별하게 만든 이가 있다. 바로 말라가를 고향으로 둔 스페인의 자랑 파블로 피카소Pablo Picasso다. 메르세드 광장은 피카소를 보기 위해 몰려든 사람들로 북적인다. 20세기를 대표하는 입체파 천재화가 피카소의 팬 층은 무척 다양했다. 아이들조차 친구의 손을 어루만지듯 그의 손을 잡고 친근감을 표시한다. 어찌나 손길이 많이 탔는지 동상 옆자리는 칠이 벗겨지고, 손은 새하얗게 반질반질하다.

'입체파'를 창시한 피카소는 한 사물을 앞·좌·우·뒤, 때로는 위아래에서 본 시점을 한 화면에 그려냈는데 피카소의 관찰력은 탁월했다. 살아생전이나 지금이나 수많은 사람들에게 사랑받는 화가다.

그의 대표작 〈꿈〉은 1,721억 원, 〈아비뇽의 처녀들〉은 1,967억 원에 낙찰될 만큼 피카소의 인기는 여전하다. 무엇보다 그를 위대하게 만든 건 그가 보여준 열정이다. "나는 보는 것을 그리는 것이 아니라 생각하는 것을 그린다"는 피카소의 말처럼 죽기 전까지 수만 점의 작품을 남겼다. 소년 피카소가 뛰어놀았던 메르세드 광장은 140여 년 전 당시와 크게 다르지 않은 듯하다. 광장 옆 카페 거리엔 늦은 점심을 즐기는 관광객과 현지인들로 넘쳐났다. 피카소는 떠나고 없지만 그에 대한 기억과 애정은 현재 진행형이다.

지중해의 신선한 맛

앤초비

화려하진 않지만 편안하고 소박한 멋이 있는 식당을 찾았다. '안티구아 카사데 구알디아'라는 이 식당은 1840년에 문을 연 말라가의 전통 선술집이다. 얼핏 보기에도 꽤 오래된 곳 같았다. 독특한 인테리어와 분위기를 간직한 전통 술집. 벽을 가득 메운 통들은 전통 와인을 저장해놓은 술통들이었고 옆에 적힌 숫자들은 생산 연도였다. 주문을 하면 바로 술통에서 따라준다. 낮 시간인데도 현지인들로 가득했다. 밤낮으로 먹고 마시는 문화여서인지 혼자 온 사람도 전혀 부담 없이 맥주나 와인에 음식을 즐길 수 있었다.

170년이 넘는 세월 동안 말라가 지역의 전통 와인들을 만들어 팔고 있는 이곳에서 반가운 얼굴이 눈에 띄었다. 벽에 걸린 사진 속 인물은 바로 와인병을 든 피카소다. 스페인을 대표하는 무용수가 피카소에게 특별히 선물할 만큼 유명하고 맛있는 와인이 바로 이 집에서 만든 것이라고 한다.

스페인 사람들은 항상 입이 바쁘다. 사실 스페인에 가기 전까지 '하루에 다섯 끼를 먹는 나라'라는 이야기를 들었지만 설마 하고 믿지 않았다. 하지만 말라가에서 만난 스페인 사람들에게 하루 세 끼는 분명 부족한 듯했다. 즐겁게 먹고 마시다가 자연스럽게 춤추고 노래하는 자유로움이 눈길을 끌었다. 적은 것도 함께 나누고 즐기는 전통과 문화를 가진 듯했다.

자주 먹고 자주 어울리기 위해 식사 전에 적은 양으로 만든 음식을

앤초비 올리브 절임 힐다와 홍합요리 메히요네스

먹는데 이것이 바로 '타파스Tapas'다. 새콤하고 향이 좋은 올리브에 싱싱한 앤초비가 어우러져 비린내는 거의 없고 씹는 맛이 부드럽다. 홍합요리 메히요네스Mejillones와 앤초비 올리브 절임 힐다Gilda가 대표적 음식이다. 지중해의 신선한 맛이 느껴진다.

　170년을 간직해온 오래된 풍경을 보고 있자니 낯설지만 정겨운 그리움이 밀려온다. 지중해가 선사하는 아름다운 석양 속에서 여행을 마무리한다. 코발트블루빛 아름다운 바다에 금빛으로 일렁이던 태양, 자연의 일부처럼 보이던 사람들. 강렬한 태양처럼 열정적이지만 결코 서두르지 않고 묵묵히 나아가는 그들의 삶을 보며 차가운 가슴에는 열정을, 바쁜 삶에는 느림과 여유를 담고 싶어졌다. 스페인 속담에 "죽을 때까지는 그 모든 게 삶이다"라는 말이 있다. 이번 여행의 끝은 끝이 아니다. 다시 시작이다.

2천 년의 흔적을 지닌 도시이자 최고의 건축물이 어우러져 여행자의
발길을 사로잡는 곳. 열정이 살아 숨쉬고 정열이 가득한 춤과 음악으
로 365일 도시 전체가 잠들지 않는 곳. 황금빛 태양을 머금은 지중해
의 풍경을 만날 수 있는 곳. 스페인 카탈루냐 지방으로 향한다.

가슴 뛰는
삶을 살라

스페인 북동부 바르셀로나 외

스페인 3대 축제
라스파야스

바르셀로나로 향하는 길에 스페인 동부의 도시 발렌시아에 들렀다. 무슨 일인지 시내가 사람들로 인산인해다. 곳곳엔 하늘 높이 서 있는 거대한 인형들도 보인다. 바로 스페인 3대 축제 중 하나인 라스파야스^{Las Fallas} 축제가 한창이다. 라스파야스는 발렌시아에서 매년 3월에 열리는 축제다. 도시 전역의 화려한 대형 인형들과 불꽃놀이로 유명하며 축제 마지막 날 모든 인형을 불태운다. 1등상을 받은 작품은 축제 마지막 날 불태워지지 않고 박물관에 계속 보관된다. 라스파야스 축제를 대표하는 화려한 색채의 거대 인형들은 니놋^{Ninot} 또는 파야스^{Fallas}라고 한다.

이번 축제에도 발렌시아엔 795개의 니놋이 만들어졌다. 거리엔 니놋들과 파야스 축제를 즐기기 위해 모여든 사람들로 가득하고

바르셀로나 Barcelona

지중해 연안의 항구도시로
스페인 제1의 경제구역이자
세계적 관광지
인구: 약 162만 명
면적: 101.9km²

그 사이로 불꽃과 폭죽이 끊임없이 이어진다. 이렇게 발렌시아는 5일 동안 잠들지 않는 도시가 된다. 원래 니놋은 대부분 풍자적이었지만 최근엔 연예인을 비롯해, 영화와 동화의 등장인물까지 주제가 다양해졌다.

늦은 오후 니놋 전시장을 찾았다. 도시 곳곳을 장식한 795개 모든 니놋의 축소 모형이 전시되어 있다. 축제에 등장한 모든 니놋은 경연을 거치는데 1등 작품을 선정하는 투표가 이루어지는 장소 역시 이곳이다. 전시장을 방문한 모든 사람들이 투표에 참여할 수 있다. 수상 여부에 상관없이 모두들 흥에 겨워 행진하고 춤추고 노래하는 모습이 라스파야스 축제의 진정한 의미를 느끼게 한다. 이들에게 경연의 결과는 별 의미가 없어 보인다. 1년 동안 제작한 니놋을 뽐내며 서로 격려하는 모습이 보기 좋았다.

가우디가 남긴
최고의 유산

하늘, 바다, 도시가 만나는 바르셀로나는 카탈루냐의 주도로 지금은 모든 크루즈선이 허브 항으로 삼는 지중해 최고의 해안 관광도시다. 화려한 색채를 머금은 도시의 모든 곳엔 개성과 열정이 넘치는 사람들로 가득하다. 콜럼버스 동상이 여전히 바다 건너 아메리카를 응시하고 있는 곳이기도 하다.

바르셀로나 하면 생각나는 명소는 사그라다 파밀리아 대성당이다. 스페인이 낳은 최고의 건축가 안토니 가우디^{Antoni Gaudi}가 1883년에 설계하고 건축을 시작한 이 성당은 130년이 넘은 지금까지도 건축이 진행 중이며 가우디 사후 100주기인 2026년 완공 예정이다. 예수의 탄생, 수난, 영광을 표현한 3개의 파사드와 12개의 첨탑으로 이루어졌고 가우디가 바르셀로나를 위해 남겨놓은 최고의 유산이다. 사그라다 파밀리아 성당의 모습은 상상 그 이상이었다. 여행자와 시민들을 위한 최고의 휴식공간인 구엘공원을 비롯해 바르셀로나 곳곳에선 천재 건축가 가우디의 풍부한 상상력을 만날 수 있다.

바르셀로나에서 가장 활력이 넘치는 거리인 람블라스에서는 개성

사그라다 파밀리아 대성당

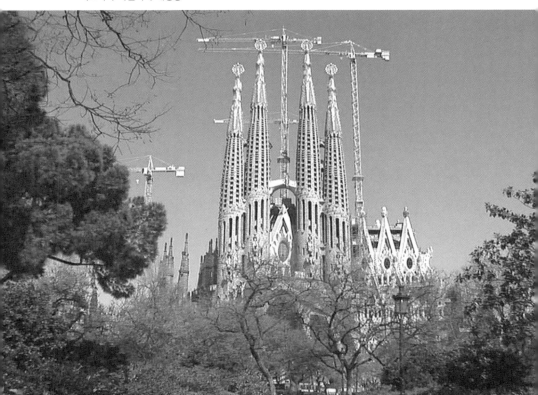

구엘공원(상)
카사밀라(하)

남유럽 속으로

바르셀로나 대성당

가득한 거리 화가들을 만날 수 있다. 이곳에서 바르셀로나 2천 년 역사를 간직한 고딕지구로 향했다. 좁은 길이 미로처럼 연결된 고딕지구에선 자전거를 이용하면 좀 더 쉽고 가깝게 오래된 시간의 흔적들을 만날 수 있다. 눈길이 머무는 모든 곳에서 거리 예술가들의 멋진 공연도 즐길 수 있다.

바르셀로나 대성당에 도착했다. 1448년에 지어진 이곳은 고딕지구를 상징하는 랜드마크이자 바로셀로나 시민들의 오랜 문화공간이다. 성당 앞 광장에 많은 사람들이 모여 있다. '코블라'라고 불리는 민속악단의 슬픈 듯 흥겨운 연주에 맞춰 사람들이 둥글게 손을 잡고 춤을 춘다. 바로 카탈루냐 지방의 전통무용인 '사르다나Sardana'다. 카탈루냐 민족의 결속을 다지기 위해 추는 춤이라고 한다.

튀김요리와
축구의 천국

람블라스 거리에 위치한 보케리아 시장에 갔다. 카메라를 들기 힘들 정도로 시장 안은 사람들로 꽉 들어차 있다. 해안 도시인지라 다양한 종류의 해산물들이 눈에 들어온다. 우리에게 익숙한 것들이 대부분인데 정말 먹음직스러워 보인다. 고맙게도 마음에 드는 해산물을 고르면 바로 튀겨준다. 역시 튀김요리의 천국 스페인이다. 고소한 튀김 속 싱싱한 해물, 가격대비 최고의 맛인 듯하다. 바르셀로나에서 가장 큰 재래시장인 보케리아 시장은 해산물 외에도 과일, 채소, 고기, 건어물, 과자류, 타파스 등 모든 먹거리가 모여 있다. 대부분 저렴한 가격에 바로 먹을 수도 있어서 여행객들에겐 꼭 들러야 할 장소로 알려져 있다.

'보케리아'는 카탈루냐어로 '고기를 파는 광장'이라는 뜻이다. 그래서 유독 축산물 가게들이 많고 모든 가게엔 스페인 전통 햄인 하몬 Jamón이 주렁주렁 매달려 있다. 익히지 않은 돼지 뒷다리를 소금에 절여 건조시킨 스페인의 생햄이다. 1000년경 돼지가 스페인으로 수입되어 요리에 쓰이기 시작했는데 당시에는 냉장시설이 없던 터라 이렇게 소금에 절여 장기간 보관해 먹었던 것이다. 거기서 탄생한 요리가 하몬으로 지금은 스페인에서 없어선 안 될 대표음식 중 하나다. 하몬은 돼지 품종과 저장 기간에 따라 종류와 가격이 천차만별이다. 보존 기간이 5년이고 농촌에서 도토리를 먹여 기른 돼지로 만든 하몬이 이 가게 최고의 상품이라고 주인은 소개했다.

스페인 전통 햄 하몬 가게   보케리아 시장의 명물 해산물 튀김

하몬을 맛볼 수 있는 시식코너가 눈에 들어왔다. 주저하지 않고 종류별로 부탁했다. 맛에서 큰 차이를 느낄 수는 없었지만 육포와 생고기 중간쯤의 식감만큼은 최고였다.

다음날 아침 일찍 캄프누를 찾았다. 바르셀로나 하면 축구가 떠오를 정도로 유명한 스페인 축구클럽 FC바르셀로나의 홈 경기장이다. 경기가 있는 날이면 캄프누는 남녀노소 할 것 없이 모든 바르셀로나인을 위한 흥겨운 축제의 공간이 된다. 이때가 바로 최고의 선수들을 직접 보며 응원할 수 있는 좋은 기회다. 캄프누는 10만여 명을 수용할 수 있는 유럽 최대의 축구 경기장이다. 들어서자마자 경기장을 가득 메운 10만여 명의 관중과 함성에 압도된다.

FC바르셀로나는 세계 최초 조합 형태로 운영되는 축구클럽이다. 그래서인지 바르셀로나 시민들의 클럽을 향한 애정은 각별하다. 선수들

FC바르셀로나의 홈 경기장 캄프누

의 플레이 하나하나에 환호하는 사람들에게 FC바르셀로나는 단순한 축구팀 그 이상이다. 캄프누는 축구에 대한 스페인의 열정을 확인할 수 있는 최적의 장소다.

캄프누의 열기가 가시고 바르셀로나의 밤이 찾아왔다. 호텔로 향하는 길에 우연히 성악가들의 공연을 보게 되었다. 고딕지구가 만들어내는 무대와 조명 속에서 거리의 성악가가 들려주는 노래는 여행자들의 마음을 사로잡기에 충분했다. 최고의 오페라 하우스 공연은 아니지만 또 다른 감동에 카메라를 놓을 수가 없다. 이 도시는 마치 24시간 잠들지 않는 세상에서 가장 큰 무대인 것 같다.

남유럽 속으로

가우디가 영감을 얻은
수도원

바르셀로나에서 차로 1시간여 달려 도착한 곳은 바로 '톱니모양의 산'이라는 뜻을 가진 '몬세라트'다. 이곳은 역암질(모래와 자갈이 쌓여 단단하게 굳은 암석) 절벽으로 이루어진 산이다. 제일 먼저 눈에 들어온 건 하늘을 찌를 듯이 솟아 있는 기암절벽이다. 기암절벽들 사이에 '하늘 위의 수도원'이라 불리는 산타마리아 몬세라트 수도원이 자리 잡고 있다. 수도원 뒤로 펼쳐진 울퉁불퉁한 기암절벽들은 어디에서도 볼 수 없는 최고의 절경을 만들어낸다. 가우디의 사그라다 파밀리아 성당이 몬세라트에서 영감을 얻었다고 하는데 이 절벽이 첨탑의 모습들과 무척 닮아 보인다.

절벽 가장자리에 자리잡은 몬세라트 대성당이 보인다. 아치형 입구를 통과하면 대리석 바닥의 작은 광장을 사이에 두고 정면에 대성당

몬세라트 대성당

이 있다. 몬세라트 대성당은 1025년 지어졌지만 나폴레옹의 침략으로 파괴되었다가 1858년에 지금의 모습으로 재건되었다. 성당 입구의 위쪽 건물 3층 높이에 예수와 열두 제자의 조각상이 있다. 성당 내부는 바실리카 양식으로 되어 있고 넓지는 않지만 화려하고 장중한 느낌을 준다. 성당 앞쪽 중앙에는 십자가에 못 박힌 예수상이 은은한 조명 아래 걸려 있다.

성당의 아치형 입구 밖으로 수도원 건물과 그 뒤에 펼쳐진 바위 절벽, 그리고 파란 하늘이 바라다보인다. 몬세라트의 자연과 수도원이 함께 만들어내는 모습은 카탈루냐에서 만난 최고의 풍경화인 듯싶다.

구운 양파 칼솟타다와
스파클링 와인

바르셀로나 카탈루냐에서는 3월에 칼솟타다 Calcotada(칼솟구이)를 먹는 게 전통이라고 한다. 칼솟은 카탈루냐 지방의 양파로 우리의 대파처럼 생겼다. 주로 축제나 모임 때 여러 사람이 둘러앉아 고기와 함께 석쇠에 구워 먹는데 이것이 바로 스페인 카탈루냐 전통요리인 '칼솟타다'다. 검게 그을린 겉껍질을 벗겨내면 하얀 속이 나오는데 맛이 정말 부드럽고 달콤하다.

칼솟타다는 주로 고기와 함께 즐긴다. 식당 주방은 100인분이 넘는 칼솟과 고기를 굽느라 눈코 뜰 새가 없다. 왠지 다 구워진 칼솟의 모습이 식욕을 자극하진 않는다. 칼솟타다는 달콤하면서도 매콤한 맛이

칼솟타다

난다. 견과류로 만든 고소한 스페인 전통 소스인 로메스코 소스와 함께 먹으면 좋은 조합을 이룬다.

갑자기 식당 안의 모든 사람들이 목을 젖혀 하늘을 올려다보더니 칼솟을 높이 들어 입안으로 통째 집어넣는다. 그 모습에 웃음이 절로 나온다. 스페인 사람들이 칼솟타다를 먹는 또 다른 이유는 교제의 즐거움이 있기 때문이다. 칼솟타다는 단순한 음식이 아니라 카탈루냐 사람들의 친분과 결속을 다지기 위한 카탈루냐만의 음식문화인 것이다.

바르셀로나에서 차로 1시간 거리에 있는 작은 마을 산트 사두르니 다노이아에 도착했다. 여기에 특별한 곳이 있다. 바로 스페인을 대표하는 스파클링 와인을 제조하는 '프레시넷Freixenet' 사다. 1914년에 만들어진 이곳의 스파클링 와인은 프랑스의 샴페인과 구별하여 '카바'라고 한다. 주로 스페인 북동부 지역의 백포도 품종으로 만들며 현재 스페인 카바 시장의 80퍼센트 이상을 점유하고 있다.

현재까지 프레시넷 사는 한 가문으로 이어져왔으며 이곳이 모회사

다. 3개의 대륙, 7개의 나라에서 21개의 와이너리를 보유하고 있다. 직원 1,912명 규모에 매출은 5억 3천만 유로 정도이며 연간 2억 병 정도를 판매하고 있다.

지하에 있는 와인 저장고에 가봤다. 어둡고 습한 분위기의 저장고엔 와인을 담아 숙성 중인 수많은 오크통들이 겹겹이 쌓여 있다. 카바는 숙성기간에 따라 호벤Joven(9개월 이상), 크리안자crianza(12개월 이상) 리제르바reserva(15개월 이상), 그랑 리제르바gran reserva(30개월 이상)로 등급이 나뉘는데 모든 오크통엔 와인을 넣은 날짜가 적혀 있다.

좋은 와인을 만들기 위해서는 침전물을 냉각기술로 제거하는 과정이 중요하다. 포도 찌꺼기와 침전물을 병 입구로 모으기 위해 2차 숙성 과정에선 병 입구 쪽이 아래로 향하도록 와인 병을 비스듬히 보관하며 계속 병을 돌려준다. 조명을 비추자 와인병 입구에 가라앉은 침전물이 보인다. 지하 저장고는 안쪽의 복도 벽을 따라 와인을 눕혀 저

남유럽 속으로

와인 저장고   스파클링 와인 '카바'

장한 선반이 빽빽이 늘어서 있다.

　더 아래로 내려가니 분위기가 전혀 다른 저장고가 나온다. 와이너리 초기 시절 사람들이 직접 굴을 파서 만든 최초의 와인 저장고다. 천장이나 벽면의 울퉁불퉁한 암석 표면에서 100년의 흔적이 느껴진다. 이곳엔 시음장이 있어 다양한 종류의 카바를 맛볼 수 있다. 와인이 입에 들어가는 순간 풍부한 기포가 시원한 청량감을 준다. 과일향의 달콤하고 상큼한 맛에 스파클링의 톡 쏘는 느낌까지 꽤 흥미로운 맛이다.

로마황제의 휴양지
타라고나

이른 저녁 남쪽으로 고속도로를 달려 카탈루냐 남쪽 지중해 연안에 위치한 도시 타라고나로 향했다. 타라고나의 해안 전망대는 지중해의 발코니라고 불릴 만큼 황금빛 태양을 품은 지중해 최고의 풍경으로 널리 알려져 있다.

타라고나는 로마제국 시절 이베리아 반도 최고의 식민도시이자 로마 황제의 휴양지였다. 그래서인지 타라고나에는 로마제국의 유적들로 가득하다.

유적지구 중심에 한 성탑이 서 있다. 1세기에 세워진 이 건축물은 현재 타라고나 역사박물관으로 이용되는데 로마제국 시대의 살아 있는 흔적들을 가장 잘 들여다볼 수 있다. 박물관 내부에는 동굴 같은 통로를 따라 기둥의 일부분처럼 보이는 유물들이 전시되어 있다.

타라고나 Tarragona

카탈루냐 지방 남쪽의 해안 도시로 토지가 비옥해 포도주와 올리브유가 많이 난다.
인구: 약 13만 명
면적: 181.6km²

타라고나 원형 경기장

　로마제국 시절 대전차경기나 말경주 등 주로 대형 행사가 열렸던 노천 대경기장인 로만 서커스장으로 가봤다. 경기장으로 이어진 길이 터널처럼 생겼다. 당시의 석벽들과 아치형 천장이 선명하게 남아 있다.

　로마가 아닌 스페인 타라고나에서 만난 원형 경기장은 놀라움 그 자체였다. 타라고나 해변에 세워진 원형 경기장은 검투사들의 생사를 건 혈투가 펼쳐졌던 곳이며 3세기경엔 그리스도교들의 처형장이었다고도 한다. 이곳의 빛바랜 석벽과 기둥들이 당시의 역사를 생생하게 전달해 주는 것 같다.

　타라고나 외곽에 위치한 '악마의 다리'는 긴 세월에도 불구하고 형태가 잘 보존되어 있다. 이 수로교는 로마 수로의 전형적인 특징인 아치형 구조를 그대로 보여주고 있다. 타라고나의 유적들을 보고 있자니

남유럽 속으로

'악마의 다리'로 불리는 수로교

2천 년의 세월을 넘어 화려하고 풍요로웠던 로마제국의 도시 '타라코'
에 있는 듯한 착각이 들었다.

타라고나 시내에서 인간탑 쌓기Castells를 표현한 작품을 발견했다. 사
람들이 어깨를 밟고 올라서서 탑 모양을 만든 동상이다. 인간탑 쌓기
는 카탈루냐의 전통문화로 결속과 조화를 중시하는 카탈루냐 사람들
의 공동체생활에서 매우 중요한 부분이다.

타라고나에서는 격년으로 대규모의 인간탑 쌓기 축제가 열린다. 가
장 높고 복잡하게 탑을 쌓은 팀이 우승하게 된다. 늦은 저녁 타라고나
의 한 인간탑 쌓기 팀을 찾았다. 어린 아이들이 부모들과 함께 어른의
등을 타고 오르내리며 연습이 한창이다. 인간탑 쌓기는 단순한 스포
츠가 아니라 카탈루냐의 전통문화로 세대를 거쳐 계승되고 있다. 현재

인간탑 쌓기 동상

타라고나에는 네 개의 팀이 있다. 실제 경기에서는 가장 꼭대기에 아이들이 올라가기 때문에 아이들에게도 훈련이 필요하다고 한다. 인간탑 쌓기는 발렌시아의 춤에서 유래되었고, 바이스 지역에서 시작되어 카탈루냐로 퍼져나갔다.

　연습하던 사람들이 허리에 긴 천을 두르기 시작한다. '파이샤'라는 복대로 허리를 보호해주는 동시에 탑을 쌓는 사람이 올라갈 때 손잡이 역할을 하는 것이라고 한다. 훈련이 시작되자 사람들이 거침없이 서로의 등을 타고 오른다. 여자들에겐 조금 버거워 보인다. 2층, 3층 탑을 쌓은 사람들 모두 힘들어 보이지만 누구보다도 힘든 건 가장 밑에 서 있는 사람이 아닐까 싶다. 보통 6층에서 10층 정도로 탑을 쌓는데 경기 도중 탑에서 떨어져 사망하는 사고도 생긴다고 한다. 자칫 작은

실수가 큰 사고로 이어지기 때문에 연습 중에도 최고의 집중력과 조심성이 필요하다.

땀범벅이 되어 연습에 열중하는 이들에게서 카탈루냐 사람으로서의 자부심과 긍지가 느껴진다. 그들은 "많은 사람들과 함께 하나의 탑을 건설하는 건 단 한 명이라도 없으면 안 되는 일이기 때문에 모두의 참여가 아주 중요하다"고 말한다. 이것이 인간탑 쌓기가 가진 최고의 미덕인 셈이다.

이슬람에 빼앗긴 스페인을 되찾는 800년 국토회복전쟁이 시작된 코바
동가 동굴과 인류 최초의 예술인 동굴벽화로 유명한 알타미라 동굴을
찾아가본다. 바다를 품은 육지, 육지 속의 바다 굴피유리 해변과 세계문
화유산이 된 산티아고 순례길을 걸으며 신비로운 이야기들을 만나보자.

걷다, 쉬다,
사랑하다

스페인 북서부 산티아고

마음만 있으면
누구나 받아주는 길

　　　마드리드 북쪽 과다라마 산맥을 넘어 자동차
로 4시간. 가도 가도 비옥한 넓은 땅을 부러워하며 스페인 북서부로
향했다. 폰세바돈이라는 작은 마을에서 언덕을 오르면 돌무더기에 전
봇대를 세워놓은 것 같은 기념물이 있다. 나무 기둥 위에는 크루즈 데
히에로라 부르는 철로 만든 십자가가 있다. 오래전 이곳에서 봉사하던
가톨릭 수도자 가우셀모가 험한 산을 넘어
오는 순례자들이 길을 잃지 않도록 세워놓
은 십자가다. 십자가 기둥 주변에는 수천 년
동안 이곳을 오가는 순례자들이 기원을 담
아 내려놓은 돌들이 쌓여 있다. 순례자는 집
에서 직접 들고 온 돌멩이에 걱정거리를 담
아 내려놓으며 마지막 순례의 발걸음을 가볍
게 했다.

　　　두 번째 목적지 오 세브레이로를 향해 발

갈리시아 Galicia

공장이 적고 산이 많은 시골
마을로 '카미노 데 산티아
고'가 유명
인구: 274만 9천 명
면적: 29,574km²

순례자들이 길을 잃지 않도록 세워놓은 십자가

걸음을 옮긴다. 포세바돈에서 오 세브레이로로 가는 길은 예수님의 제자 야고보(스페인 이름은 산티아고)의 무덤 위에 세워진 도시인 산티아고 데 콤포스텔라로 이어지며 노란색 화살표나 조개껍데기를 따라가면 된다.

세계에서 제일 유명한 순례자의 길은 바로 이 길 '산티아고 가는 길(카미노 데 산티아고)'이다. 가끔은 말을 타고 중세의 순례자가 되어볼 수도 있다. 걷거나 자전거를 타거나 길 위에 설 마음만 있으면 누구나 받아주는 길. 산티아고 가는 길은 모두에게 열려 있다.

오 세브레이로에 있는 산타 마리아 왕립 성당은 순례길에 있는 성당 중 가장 오래된 것으로 836년에 세워졌다.

순례길 표지

산타 마리아 왕립 성당

　이 성당에서 빵과 포도주가 살과 피로 변하는 '성체의 기적'이 일어
났다는 이야기가 전해진다.

　성당에는 기적의 증거물들이 모셔져 있다. 농부에게 성찬식을 했던
순간 빵은 살로, 포도주는 피로 변한 성체의 기적을 모신 성물과, 미사
당시 사용됐던 잔과 받침이다. 1486년 산티아고 순례를 하던 왕이 성
물을 가져가려 했지만 말이 꼼짝을 하지 않자 성물을 돌려주었고 은
으로 된 성유물함을 선물로 내렸다. 기적의 현장을 본 성모 마리아상
에게도 놀라운 일이 생겼다고 한다. 현재 성모상과 성유물함 사이에는
성체의 기적 증인인 사제와 신도의 무덤이 모셔져 있다. 이제 막 순례
길에 들어선 믿음이 부족한 여행자는 의심 많은 눈초리로 성모상을

성당 내부에 전시된 기적의 성물

살펴볼 수밖에 없었다.

성당 마당에는 순례길을 안내하는 노란색 화살표를 그린 삼페드로 신부의 흉상이 있다. 1980년대 신부는 도로 보수 공사에 쓰고 남은 노란 페인트를 들고 순례길을 표시하기 시작했다. 간단한 노란색 화살표가 오늘의 산티아고 가는 길을 붐비게 만든 계기가 됐다.

이 길은 작가 파울로 코엘료의 『순례자』를 통해서도 재조명되었다. 그는 1986년 오 세브레이로까지 순례를 하고 버스로 종착지 산티아고까지 간 뒤 체험과 영적 탐색을 담아 첫 소설 『순례자』를 썼다.

조개껍데기가 순례의 상징이 된 이유는 야고보의 시신을 태운 배가 난파당했는데, 파도에 밀려온 야고보의 옷, 망토, 지팡이 등 시신에 조개껍데기가 덮여 있었기 때문이라고 한다. 그후로 산티아고에서 조개

산타 마리아 왕립 성당 앞, 순례길을 표시한 노란색 화살표

껍질을 가져오면 완전한 평화를 얻는다는 이야기가 생겼다. 순례를 했음을 증명하는 징표였기 때문인 듯하다.

오 세브레이로에서 가까운 곳에 힘차게 고개를 넘는 모습의 산 로케 동상이 있다. 산 로케는 상속받은 재산을 가난한 사람에게 나눠주고 로마로 성지 순례를 가다가 전염병에 걸린 환자를 돌봐준 치유자로 알려졌다. 산 로케가 바라보는 방향이 목적지다. 산 로케는 한평생을 가난한 순례자로 살았기에 순례길에서 특히 공경받는 성인이다.

이제 시냇물이 흐르는 마을 라바코야에 닿았다. 라바코야는 목덜미를 씻는다는 의미다. 순례자의 종착지가 가까워질수록 마음은 가벼워지지만 몸은 더욱 지저분해진다. 순례자는 몸을 깨끗하게 하고 산티아고에 들어가기 위해 이곳에서 씻었다. 지나가는 사람이 많으면 간단히

산 로케 고개 순례자상

몬테 도 고조 순례자상

남유럽 속으로

목만 씻고, 발길이 뜸한 저녁이면 옷을 벗어 묵은 때를 벗겼을 것이다. 수백 킬로미터를 걸어도 버리지 못한 근심덩어리를 흘려보낼 수 있는 라바코야는 씻을 곳이 많은 요즘에는 그냥 지나치기 쉽다.

기쁨의 산 '몬테 도 고조' 언덕을 올랐다. 이 언덕은 눈앞에 순례의 목적지가 보이는 기쁨을 누릴 수 있는 곳이다. 800km 순례를 마친 사람들은 순례자상을 한 바퀴 돌고 목적지 산티아고를 맞이한다. 순례길에서는 생각할 시간이 주어지기에 마음이 여유롭다. 순례자상은 여기까지 온 여행자들이 대견하다는 듯 밝은 표정이다.

7월 25일은
산티아고 축제일

7월 24일은 불꽃놀이로 시작되는 산티아고 축제 전야제가 있는 날이다. 산티아고 데 콤포스텔라는 갈리시아 자치주의 수도로 예루살렘, 로마와 함께 3대 순례지로 알려져 있다. 별이 비추는 들판이란 도시 이름처럼 불꽃이 밤하늘을 수놓는다.

스페인에 와서 선교하던 야고보가 임무를 마치고 예루살렘에 돌아갔다가 44년 7월 25일 아그리파 1세에게 처형당했다. 그의 제자들은 시신을 배에 싣고 스페인으로 옮겼는데 그의 무덤이 어디에 있는지 오랫동안 알려지지 않았다. 그러다 813년 한 수도자가 별 무리가 내려와 빛을 비추는 들판에 가보니 야고보의 무덤이 있었다고 한다. 신비한 빛이 비추던 들판은 그후 야고보를 기념하는 도시가 됐다. 유럽은 산

산티아고 축제 전야제

티아고로 향하는 순례길 위에서 태어났다고 했다. 순례길은 중세의 기
독교도에게 통과의례가 됐다.

스카우트 단원들이 축제에 맞춰 순례를 마치고 들어오는 모습이 보
였다. 비행기를 타도 3시간이 걸리는 스페인 남부 헤레스에서 출발했
다고 한다. 순간 이곳 오브라이도 광장의 주인은 바로 그들이 되었다.
산티아고 데 콤포스텔라 대성당 앞에서 제일 행복한 사람도 이들이다.
보기만 해도 만족감과 해방감이 전해졌다.

성당과 도시 곳곳에 산티아고가 있다. 순례자가 광장에 누워 바라보
는 대성당 꼭대기의 산티아고가 제일 반갑다고 한다. 순례의 끝을 반

순례자 여권에 찍힌 스탬프

겨주기 때문이다. 약 1,200년 전 이곳에서 산티아고의 무덤이 발견됐다. 지역의 주교는 조사 후 산티아고의 무덤이라고 공식 인증을 했다.

산티아고의 무덤 위에 세운 도시 산티아고 데 콤포스텔라에는 매년 수많은 순례자가 찾아온다. 공식적인 통계로 1985년 순례자는 2,500여 명에 불과했다. 30년 후 2015년 순례자는 26만 2,500여 명으로 늘었다. 순례자협회에서 받은 인증서는 내가 나에게 주는 명예 훈장이다. 순례자 여권에 찍힌 스탬프는 그간의 여정과 인내심을 증명해줬다. 순례자 여권에 도장을 못 받거나 잃어버리면 순례자 인증서를 못 받는다고 한다. 순례길을 걸으면서 자신을 통제하고 다스리는 법을 배울 수 있어 좋았다고 말하는 사람도 있었다.

산티아고 축제가 공식적으로 시작됐다. 군인들이 행진을 하고 경찰

갈리시아 자치주의 수도 산티아고 데 콤포스텔라

은 곳곳에서 혹시라도 있을 사고에 대비한다. 최근 기독교 행사를 노린 테러가 잦아 경계가 더욱 강화됐다. 산티아고를 모신 가마가 광장에 들어왔다. 그는 1972년 전 오늘 순교했으나 오히려 영원히 존재하게 됐다. 그의 순교일인 7월 25일이 주일인 일요일과 겹치는 성스러운 성년에 성당을 찾는 순례자는 모든 죄를 용서받는다. 2010년이 성년이었고 다음 성년은 2021년이다. 성년이 아닌 해에 도착한 순례자는 지은 죄의 반을 용서받는다고 알렉산드르 3세 교황이 선언했다. 893년 작은 성당이 지어진 뒤 오랫동안 증축되어 지금 보는 모습은 네 번째 만들어진 것이다.

성당 안으로 들어가 산티아고 축제일의 미사에 참가했다. 정면에 있

남유럽 속으로

산티아고 데 콤포스텔라 대성당의 대향로

는 주제단 덮개 위에는 말을 타고 있는 산티아고 상이 있다. 오른손에는 칼을 들고 수호성인의 이미지를 보여준다. 성당에는 거대한 향로가 매달려 있다. 나폴레옹이 약탈해간 뒤 새로 만든 것이라 한다. '보타후메이로'라고 하는 거대한 향로는 특별한 날에만 향을 피운다. 대향로는 산티아고의 날과 같은 축일과 봉헌 행사 때 사용한다. 천장에 닿을 듯 말 듯 시계추처럼 성당을 날아다니는 대향로는 시속 62km까지 속도가 나는데, 지난 300여 년 동안 단 2번 떨어졌다고 한다. 대성당에서 보여주는 최고의 이벤트다.

주 제단 덮개 아래에는 순례자 복장을 한 산티아고가 앉아 있다. 순례자가 조개로 장식한 망토를 입은 산티아고를 뒤에서 껴안으면 감동은 절정에 이른다. 드디어 산티아고와 하나 되기 때문이다. 산티아고는 예수 제자 중 최초의 순교자다.

제단 바로 아래 지하에 모셔져 있는 산티아고의 유골함을 보러 성당 동쪽 '자비의 문'으로 갔다. 이미 모여든 사람들로 긴 줄이 만들어졌다. 이 문은 항상 봉인돼 있다가 산티아고 축일과 주일이 만나는 성년에만 열린다. 자비의 문 위에는 산티아고와 제자가 있고, 양옆에는 구약의 인물과 사도를 묘사한 24개의 조각상이 있다. 원래 문은 2021년에 열려야 하지만 프란체스코 교황이 2016년 올해를 자비의 해로 선포해 이례적으로 문이 열렸다.

7월 25일 산티아고 축제일은 갈리시아 자치주의 국경일이다. 2주 동안 다양한 행사가 펼쳐진다. 성당 남쪽 광장에서는 가면무도회가 한창이다. 흥을 돋우는 악기는 스코틀랜드 전통악기 백파이프와 비슷하다. 다양한 얼굴을 표현한 가면은 순례를 오는 전 세계의 다양한 사람들처럼 보였다.

광장 옆에서 구호를 외치며 깃발을 든 시위대가 몰려왔다. 축제와 시위가 뒤섞여 광장은 소란스럽지만 다툼은 없다. 바스크 지역으로 대표되는 분리주의자들은 스페인으로부터 독립을 주장하고 있다. 첫 번째 이유는 언어가 다르다는 것이다. 그래서 바스크, 카탈루냐, 갈리시아 사람들 중 일부는 분리 독립을 원하고 있다. 시간이 지나자 여행자의 눈에는 누가 축제를 하고 누가 시위를 하는지 모를 정도로 자연스럽게 서로 어울렸다.

북과 스페인 백파이프 가이타는 축제에 빠지지 않는 악기다. 가이타

스페인의 백파이프 가이타 연주

는 서유럽인의 주류를 이루는 켈트족에 기원을 둔다. 대성당 입구로 가는 마지막 관문에 울려퍼지는 가이타 소리는 개선장군을 환영하듯 순례자를 맞는다.

축제가 벌어지는 광장 한쪽에서는 속아도 즐겁고 비밀을 알아도 재미난 공중부양 쇼가 벌어지고 가면 쓴 양들과 순례자 차림의 사람들도 축제의 한자리를 차지하고 있다. 모두가 즐기는 축제 현장이다.

스페인의 땅끝마을
피스테라

스페인의 땅끝마을 피스테라로 갔다. 산티아고에서 버스로 3시간 거리에 있는 피스테라는 로마시대부터 중세까지

유럽의 끝이자 세상의 끝이었다. 0km 표지석이 보인다. 더 이상 갈 곳이 없다는 의미다. 예전에는 세상 끝이 여기라고 믿었기 때문이다. 그러나 0km는 다시 시작한다는 또 다른 마음다짐을 하는 곳이다.

땅끝을 비추는 등대 앞 피스테라 곶에서 순례자는 입고 신었던 낡은 옷과 신발을 태우는 전통의식을 치렀다. 지금은 불 피우는 것이 금지됐다. 순례자 신발 조형물이 바위에 단단하게 붙어 있듯이 지금의 순례자도 쉽게 이곳을 떠나지 못한다.

순례의 마지막을 즐기고 다시 태어나는 것 같은 순간을 맞이하고 있다. 피스테라에서 북쪽으로 가면 묵시아라는 마을이 있다. 2002년 유조선 프레스티지 호 사고로 재난을 당한 곳이다. 묵시아에는 특이하게 바다를 향해 지어진 '노라 세뇨라 다 바르시카라'라는 성당이 있는데 이 성당 앞에 모서리가 떨어져나간 커다란 바위가 있다. 이 바위에는 성모 마리아의 이야기가 전해진다. 1978년 12월 이 바위가 크게 흔들려 마을 사람들에게 앞바다에서 배가 가라앉고 있다고 알려주었다고 한다. 사람들은 성모 마리아가 바위를 흔들었다고 믿는다. 이 돌은 여러 사람이 올라가서 흔들어도 움직이지 않을 만큼 큰 바위다. 몇 년 전 벼락을 맞아 바위의 일부가 떨어져나갔는데, 성당 앞에 깨진 바위를 옮겨놓았다. 성당이 바다를 향해 지어진 까닭은 이곳에서 선교하던 산티아고가 바다에서 배를 타고 나타난 성모마리아를 보았다는 전설 때문이다. 그후 이 성당은 성모마리아의 성지가 됐다. 성당 안에는 성모상이 가운데 모셔져 있다. 성당 곳곳에는 성모마리아가 배를 타고 나타났다는 것을 기념해 다양한 모형 배를 달아두었다.

노라 세뇨라 다 바르시카라 성당 앞 바위

성당 앞에는 유명한 바위가 하나 더 있다. 성모가 타고 온 배의 돛을 상징하는 바위다. 긴 항해를 끝내고 내려놓은 돛처럼 생겼는데, 바위 밑을 9번 지나면 허리 통증이 완치된다는 이야기가 있다. 치유의 바위인 셈이다.

예수의 유품을
간직한 성당

　　　　갈리시아 지방을 떠나 아스투리아스 지방으로 이동했다. 아름다운 해안선과 크고 작은 어촌이 많은 곳이다. 어촌 마을 쿠디예로의 도로를 따라 즐비한 식당에서 제일 인기를 끄는 것은 '시드라'라는 사과주다. 종업원이 머리 위까지 치켜든 술병을 허리 밑에 든 술잔에 겨냥해 술을 떨어뜨린다. 좀 천천히 보여달라고 부탁했다. 호기심 많은 관광객이 한번 따라해보지만, 보기보다 어려웠다. 시드라는 한 번에 마셔야 한다고 한다. 완샷! 신 사과 맛이 났다.

　잠시 그림 같은 휴식을 취하고 순례자의 도시 오비에도로 갔다. 아스투리아스 지방의 수도 오비에도에는 조각상이 많다. 이곳에서 영화를 찍다 오비에도에 푹 빠진 우디 앨런 동상도 서 있다.

　오비에도의 살바도르 대성당을 찾았다. 이

아스투리아스 Asturias
....

3500여 년의 역사를 간직한 한적하고 신비로운 산골지방으로 고산지대에 위치함
인구: 106만 2천 명
면적: 10,604km²

곳은 산티아고로 가는 순례자가 많이 다니는 길목에 세워졌다. 성당 내부의 장식 벽에는 성경말씀을 그림으로 조각해 글을 모르는 사람도 예수의 삶을 쉽게 이해할 수 있게 했다. 성당 이름에서 알 수 있듯 구원자란 의미의 살바도르 상이 이 성당의 상징이다. 이곳에는 예수와 사도들의 기념비적인 보물이 보관돼 있다. 움푹 파인 계단 위에 있는 돌 항아리는 예수가 물을 포도주로 바꾼 항아리라고 한다. 광야에서 40일간 기도를 한 후 예수는 초대받은 결혼식장에서 술이 떨어지자 6개의 항아리에 물을 채워 포도주로 바꿨다.

물을 포도주로 바꾼 것이 예수의 첫 번째 기적이었다. 순례자들은 돌 항아리를 손톱으로 긁어 떨어진 가루를 물에 타 마셨다. 기적의 항아리에 무릎으로 기어서 다가간 수많은 순례자의 손길이 느껴졌다.

오래전 왕궁의 일부였던 성당의 중심부 산 미구엘 탑에는 성스러운

물이 포도주로 바뀐
항아리

남유럽 속으로

방 '카마라 산타'가 있다. 돌로 지어진 방에는 아스투리아의 왕 알폰소 2세가 스페인 남부 톨레도가 이슬람에 함락되었을 때 구출해온 보물들이 보관돼 있다. 순례자로 변장한 천사가 왕 알폰소 2세에게 건네주었다는 천사의 십자가, 예수의 제자 베드로가 신었던 샌들, 피 묻은 십자가 조각, 예수의 머리를 찔렀던 면류관의 가시 등이 설명과 함께 전시되어 있다.

성스러운 방에서 가장 관심을 받는 유물은 예수를 십자가에서 내리고 얼굴을 덮었던 천 '수다리오'다. 수다리오에는 예수의 핏자국이 선명하게 남아 있다. 수다리오의 핏자국은 이탈리아에 보관돼 있는 예수의 장례에 쓰였던 '토리노의 수의'와 혈액형이 일치한다. 수다리오는 연구결과 1세기 이전에 팔레스타인에서 온 것이 확실하다고 한다.

살바로드 대성당은 가장 오래된 순례길 카미노 프리미티보의 출발지다. 산티아고의 유골이 발견됐다는 소식을 듣고 이 지역의 왕 알폰소 2세가 말을 몰아 산티아고로 간 최초의 순례길이었기 때문이다. 성당 출입구 중 하나는 비스듬하게 뚫려 있다. 성당 주변에 있던 순례자 숙소로 가는 길을 알려주기 위해서 이렇게 지었다고 한다.

예수의 핏자국이 선명하게
남은 천 수다리오

인류 최초의 예술작품
알타미라 동굴벽화

　　　　　　　　　다음 여행지는 스페인의 자존심을 찾은 곳, 즉 국토회복전쟁의 시발점이 된 곳이다. 이곳 이름은 성모님의 동굴이란 의미의 '코바동가'다. 코바동가에는 이슬람과 전투를 승리로 이끈 펠라요의 무덤이 있다. 또 안쪽에는 성녀 코바동가 상이 있다. 722년 펠라요는 이슬람군이 침공하자 코바동가의 수많은 동굴에 주민과 병사를 피난시켰다. 동굴에서 감춰진 성모상을 발견하고 기도하자 소나기가 내려 이슬람 기병이 진흙에 빠지게 됐다. 펠라요는 승전고를 울렸고 800여 년간 이어진 국토회복전쟁이 시작됐다. 성녀 코바동가는 국토회복전쟁의 정신적 구심점이 됐다. 왕 알폰소1세는 코바동가 성모님의 기적을 증거하기 위해 이곳에 수도원과 성당을 건축했다. 바로 산타마리아 코바동가 왕립 대성당이다.

　성당 앞에는 스페인의 자존심이며 이 지역에 가톨릭 왕국 아스투리아스를 세운 펠라요의 동상이 있다. 십자가는 아스투리아스의 상징 '승리의 십자가'가 됐다. 성모 발현을 기념해 지은 성당은 1901년 다시 지어졌다. 성당은 펠라요에게 나타난 성모의 기적을 찾는 신도들의 발길이 이어진다.

　산에서 바다로 이동해 야네스의 굴피유리 해변에 닿았다. 이곳은 상식을 깨는 특이한 바다로 알려져 최근에 점점 유명세를 타고 있다. 해변은 불과 약 40m에 불과하나 백사장이 있고 밀물과 썰물도 있다.

　어떻게 이런 해변이 만들어졌을까? 바다와 불과 100m 거리의 육지

굴피유리 해변(상)
산타 마리아 코바동가
왕립 대성당(하)

알타미라 동굴

속 바다는 석회암 바위가 녹아 밑으로 터널이 생기면서 형성되었다. 대서양의 강한 파도가 터널을 드나들며 바위를 뚫어 육지 속에 바다를 만들었던 것이다.

스페인의 마지막 여행지 산티야나 델 마르의 알타미라 동굴로 향한다. 수만 년 전 구석기인이 살던 동굴이다. 알타미라 동굴에는 인류 최초의 예술작품이 있다. 훼손을 우려해 실제 동굴 바로 옆에 똑같이 재현해놓은 복제 동굴을 만들어 일반에 공개하고 있다. 동굴 입구가 1만 3천 년 전 산사태로 무너져 훼손되지 않은 채 있다가 1879년 발견됐는데 세밀한 묘사나 색채 등 그림 솜씨가 너무 뛰어나 한동안 구석기인이 그린 벽화라고 인정받지 못했다. 1만 4,500년 전 구석기인은 동굴 벽의 표면을 활용해 입체적으로 벽화를 그릴 줄 알았다. 알타미라 이

남유럽 속으로

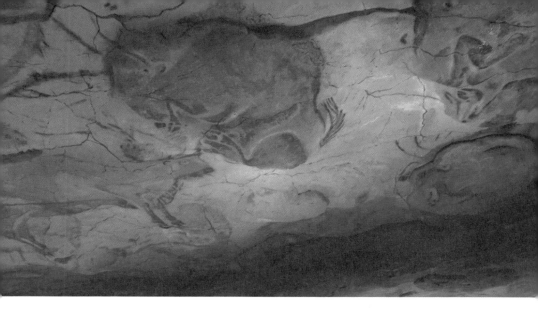

후에 예술이 퇴보했다고 말할 정도다. 구석기인은 사냥하고 싶은 동물을 벽에 그렸다. 그림으로 그들의 기원을 담았던 것이다.

구석기 예술가는 낙관처럼 손바닥도 남겨두었다. 이들도 순례자처럼 이 손을 모아 기도했을까 상상해본다.

이베리아 반도 서부에 위치한 포르투갈은 등 뒤로는 스페인이 가로막
고 있어 바다로 나가야 했다. 이제 15~16세기 해양왕국으로서의 영
광은 지나갔지만 여전히 신비로움을 간직한 대서양과 때 묻지 않은
자연은 그대로 남아 있다. 영욕榮辱의 역사가 쌓인 포르투갈의 과거와
현재를 만나보고, 그곳을 살아가는 이들의 이야기를 담는다.

신비로운
자연의 에너지

포르투갈 포르투 · 리스본

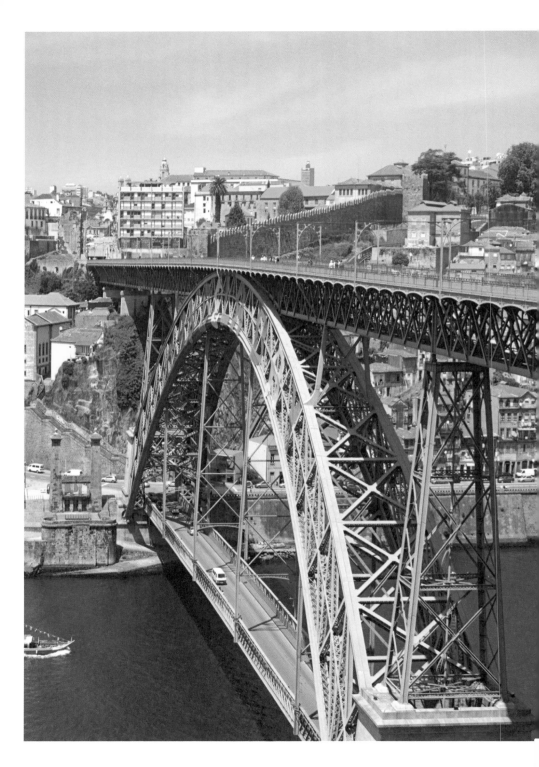

에펠의 제자가 만든
철제 다리

　　이베리아 반도의 끝 포르투갈에 도착했다. 북부 포르투에서 시작해 바닷가 도시를 여유롭게 둘러보고 유럽이 남겨 놓은 마지막 야생지역인 아소르쉬 제도까지 달려갈 계획이다. 포르투갈의 날씨는 청명했다. 덥지만 습하지 않고 그늘에만 들어가면 시원한 바람이 맞아주는 지중해성 기후다.

　　포르투갈 제2의 도시 포르투에 도착한 여행객들은 돔 루이스 1세 다리^{Ponte Dom Luis I}에서 여정을 시작한다. 누군가는 이 다리를 "철근으로 뜨개질을 해놓은 것 같다"고 했는데 프랑스 에펠탑을 설계한 구스타브 에펠^{Gustave Eiffel}의 제자 테오필 세이리그^{Teophile Seyrig}가 만들어서인지 에펠탑을 닮아 있다.

　　100년이 훌쩍 넘은 이 다리는 오늘도 도루강을 찾은 여행객들을 부지런히 실어나른다.

포르투 Porto

포르투갈 북서부의 포트와
인 산지로 유명한 항만도시
인구: 164만 2천 명
넓이: 2,341km²

강을 따라 늘어선 노천카페에서 한가롭게 차 한 잔을 즐겨도 좋지만 이곳을 찾는 여행객들의 목적은 따로 있다. 바로 포르투갈의 대표 수출품 '포트와인'을 맛보기 위해서다. 강변을 따라 걷다보면 무료로 포트와인을 시음할 수 있는 와인하우스들을 만날 수 있다. 달콤한 포트와인은 17세기에 수출을 위해 개발되었다.

도루 강 하구의 '빌라 노바 드 가이아'는 강을 따라 실어온 포트와인을 숙성시켜 수출하던 곳이다. 포트와인 생산지에 가려면 도루 강을 거슬러 올라가야 한다. 도루 강 상류에서 거대한 협곡을 마주했다. 산맥 전체에 계단식으로 조성된 포도밭이 마치 등고선을 그려놓은 듯하다.

마을로 들어가면 긴 세월 동안 '협곡의 포도밭'을 일궈온 사람들을 만날 수 있다. 와이너리 마당에 탐스럽게 매달린 포도송이는 가을이 오기만 기다리고 있다. 누구나 예약만 하면 도루 협곡의 포도밭을 둘러보고 와인도 맛볼 수 있다.

여러 와이너리 중 이곳을 택한 이유는 딱 하나, 바로 '주정뱅이 와이너리'라는 재미있는 이름 때문이었다. 원래 이 와이너리의 주인은 항상 술에 취해 있는 사람이었다고 한다. 그것을 지금 소유주의 아버지가 사서 포트와인 숙성 공간으로 쓰고 있다. 술꾼에겐 보물상자였을 와인창고는 주정뱅이 아저씨가 워낙 공들여 지어놓은 덕에 100년이 지난 지금도 같은 자리에서 포트와인을 숙성시키고 있다.

'포르투 와인'이라는 상표는 포르투 와인재단의 승인이 떨어져야 달 수 있다. 승인이 떨어지기 전에는 포르투 와인이라는 이름을 못 쓴다.

포르투갈 사람들은 경사가 60도를 넘나드는 버려진 바위 협곡을 일

포트와인의 유래

포트와인의 분류는 '토니', '루비'와 같이 영국식이다. 프랑스와의 백년전쟁으로 더 이상 프랑스 와인을 수입하지 못하게 된 영국이 포르투갈 와인을 배로 실어가면서 포트와인이 세상에 알려졌다.

계단식 포도밭(상 좌측) 주정뱅이 와이너리(상 우측)
포트와인을 실어나르던 도루 강 하구(하 좌측)

일이 깨고 부숴 산맥 전체를 포도밭으로 일궈냈다. 긴 항해를 견디기 위해 와인에 브랜디를 넣어서 강제로 발효를 중단시켰다. 그렇게 달콤한 맛에 계속 마시다보면 어느새 취기가 오르는 '포트와인'이 완성되었다. 그야말로 바다를 건너가기 위한 와인이었던 셈이다.

유럽인의 휴양지
알가르브

포르투 와인 주산지인 빌라헤알의 헤구아에서 기차를 타고 알가르브로 이동한다. 기차는 푸른 협곡을 품은 도루 강을 가로지른다. 포르투 북부에서 남쪽 끝으로 내려가면 입간판부터 붉은 알가르브가 기다리고 있다.

흙먼지를 뒤집어쓴 가로수 잎이 붉다. 이베리아 반도 끝자락에 자리 잡은 붉은 절벽이 보인다. 수영복을 입은 아이들이 절벽을 오르내린다. 알가르브는 우리에겐 낯설지만 유럽인들에겐 일찍부터 휴양지로 사랑받는 곳이다. 안전 펜스 하나 없는 절벽 위에 서니 아찔하다. 남부 해안은 푸른 바다와 붉은 절벽이 만들어내는 강렬한 색의 대비가 인상적이다.

스페인과 전 세계를 반으로 나눠 가질 정도로 화려한 대항해 시대를 누렸던 포르투갈의 바다엔 이제 관광객들로 북적이고 미지의 바다로 떠났던 탐험의 흔적은 더 이상 남아 있지 않다.

포르투갈이 영광을 누렸던 바다 이야기를 찾아 북쪽으로 향했다.

남유럽 속으로

알가르브 해안

정어리 구이 사라디냐

카라스케이라의 나무다리

리스본 가는 길에 점심을 먹기 위해 어촌마을 카라스케이라에 들렀다. 포구는 어선을 한 대씩 정박할 수 있는 나무다리가 그대로 남아 있는 곳으로 유명하다. 그저 오래전에 만들어진 낡은 다리로 보이는데 어부의 말은 달랐다. 60년 전부터 만들기 시작했는데, 한 번에 완성한 것이 아니라 조금씩 확장해가며 만들어서 지금의 크기가 된 것이라고 한다. 매년 더 길어진다는 나무다리가 그는 전혀 불편하지 않다고 말한다.

어부는 기막힌 정어리 요리를 하는 식당이 있다며 소개했다. 사실 그가 굳이 소개해주지 않았어도 한적한 마을에 마땅히 식사를 할 만한 곳은 그 식당밖에 없어 보였다.

식당의 대표 메뉴인 정어리 요리엔 어떤 비법이 숨어 있는 걸까?

식당 주인은 흔쾌히 조리비법을 공개했다. 6월부터 9월까지가 정어리 먹기에 가장 좋은 시기라고 한다. 일단 염장하지 않은 제철 정어리를 골라 석쇠에 올리는데 굽기 직전에 굵은 소금을 뿌려주는 게 비법이다. 짜지 않은 담백한 맛을 내기 위해서란다. 설마 이것으로 끝이냐는 말에 소금을 두어 번 더 뿌린다. 정말 끝난 모양이다. 숯불 위에서 15분이면 충분하다. 포르투갈의 대표 여름 음식인 사라디냐('정어리'라는 뜻)는 이렇게 만들어졌다. 삶은 감자, 샐러드와 함께 사라디냐가 한 상 차려졌다. 샐러드는 방금 따온 채소에 간간하게 소금을 치고 올리브오일을 듬뿍 뿌린 것이다. 구운 정어리에도 올리브오일을 붓는다. 잘 익은 정어리 살이 탱탱하다. 감자는 젤리처럼 쫀득하게 삶아졌다. 함께 먹으니 그야말로 담백하고 깔끔한 맛이다. 한 접시를 더 먹고 나서야 자리를 뜰 수 있었다.

일곱 개의 언덕으로 이뤄진 리스본

차를 타고 리스본으로 향했다. 차는 어느새 트램(노면 전차)과 함께 달리고 있다. 차도가 불퉁불퉁한 돌길로 바뀌고 트램과 차량이 엉켜 있다면 이미 리스본에 도착한 것이다. 외지인이라면 리스본의 좁은 골목길을 운전하느라 진땀을 빼게 된다. 자동차 대신 리스본 구석구석을 누비는 노란 트램에 올라타는 것이 좋다. 일곱 개의 언덕으로 이루어진 리스본은 마냥 걷기엔 만만치 않기 때문이다. 어깨에 닿을 듯이 오가는 28번 트램을 타고 포르투갈의 지나간 바다 이야기를 찾아 시가지로 향했다.

리스본 중심에 있는 호시우^{rossio} 광장에 도착했다. 광장 중앙엔 포르투갈로부터 독립한 브라질 최초의 황제가 된 동 페드루 4세의 동상이 서 있다. 리스본 최대의 광장은 코메르시우^{Comercio} 광장으로 테주 강과 맞닿아

리스본 Lisbon

포르투갈 최대 도시이자 대서양 연안의 대표 항구도시
인구: 54만 7,631명
면적: 83.8km²

있으며 가운데에는 대지진 후 리스본을 재건한 동 주세 1세 동상이 있다. 호시우 광장에서 코메르시우 광장까지 쭉 뻗어 있는 길이 바로 아우구스타 거리다.

포르투갈의 수도 리스본의 번영은 16세기 대항해 시대에 정점을 찍었다. 500년이 흘렀지만 대항해 시대의 건축물은 곳곳에 남아 당시의 위세를 말해주고 있다. 리스본의 명동이라 할 만한 아우구스타 거리를 지난다. 이곳의 대표적인 건축물은 단연 제로니무스 수도원이다. 십자가나 성모상 등의 종교적인 상징뿐만 아니라 소라껍데기, 밧줄 등과 같은 특이한 문양으로 가득한데 이것이 마누엘 양식의 특징이다. 1499년 바스코 다 가마가 드디어 인도를 발견하자 국왕 마누엘 1세는 그것을 기념하기 위해 화려한 수도원 건축을 명했다고 한다.

이 시기에 포르투갈은 자원이 매우 풍부해 인도와 브라질을 항해하면서 향신료와 금을 가져왔다. 당시에 가장 희귀했던 계피도 들여왔다. 그것들이 크고 웅장한 건축물을 세울 만큼 큰 부를 가져다주었다. 마누엘 양식의 건축물에는 예술가들이 항해 중에 봤던 경험이 세세하게 조각되어 있다. 왕이 조각으로 남기라고 지시했기 때문이다. 예를 들어 배에서 사용했던 밧줄의 문양은 아프리카에서 인도로 넘어가거나 브라질로 항해하며 얻은 영감을 조각으로 남긴 것이다. 탐험선에 탔던 예술가들은 항해 중에 마주한 브라질의 야자수를 기둥과 천장에 새겨넣었다. 다시 보니 거대한 야자수가 천장을 떠받치고 서 있는 듯하다. 수도원 전체가 조각으로 새긴 거대한 탐험일지인 셈이다.

리스본을 흐르는 테주 강 유역은 대항해 시대부터 40년 전 혁명의

제로니무스 수도원

기억까지 고스란히 간직하고 있다. 미지의 바다를 향한 탐험선은 테주 강에서 닻을 올렸다. 떠나는 탐험선을 환송하던 벨렝 탑 역시 마누엘 양식의 건축물답게 밧줄을 질끈 동여매고 있다. 테주 강의 귀부인으로 불리는 아름다운 탑이지만 탑의 일층은 끔찍했던 장소로도 악명이 높다. 벨렝 탑은 원래 테주 강의 방어를 위한 요새로 쓰려고 만들었다. 아래쪽은 원래 비축 창고로 쓰다가 19세기에 정치범을 가두는 감옥이 된 것이다. 원래 목적은 요새였다.

얼핏 봐서는 1층이 왜 포르투갈에서 가장 잔인한 감옥으로 불렸는지 알 수 없었다. 밀물 때가 되면 감옥으로 쓰였던 1층 창문이 넘어갈 기세로 강물이 계속 불어난다. 밤낮으로 물이 차는 수중 감옥이라니 상상만 해도 끔찍했다.

벨렝 탑을 지나 테주 강을 걷다보면 발견기념비를 만나게 된다. 52m

벨렝 탑

의 기념비는 화려한 발견의 시대를 열어준 엔리크 왕자나 바스코 다 가마와 같은 탐험가를 기리고 있다. 옥상 전망대에 오르면 기념비 앞 광장에 탐험가들의 항로가 새겨진 지도를 한눈에 볼 수 있다. 500년 전 세계 전역에 식민지를 가졌던 해상왕국 포르투갈만이 그릴 수 있 는 지도다. 대항해 시대는 갔지만 식민지는 남았다.

혁명의 세월을 버틴
붉은 다리

1960년대 아프리카 식민지의 독립 열기는 오 히려 포르투갈 본토에 대혁명을 불러일으켰다. 혁명의 이야기는 강 건 너에서 시작된다. 샌프란시스코의 금문교와 닮은 붉은 다리를 건넌다.

남유럽 속으로

금문교와 닮은 '4월 25일 다리'

40년 전까지만 해도 건설 당시 총리의 이름을 따 '살라자르 다리'로 불렸지만 지금은 1974년 4월 25일 혁신파의 혁명을 기념해 '4월 25일 다리'로 불린다.

강을 건너면 리스본을 향해 팔을 벌리고 서 있는 예수상을 만날 수 있다. 28m 높이의 거대한 예수상 역시 살라자르 총리 시절에 만들어졌다. 살라자르가 총리로 재임한 기간은 무려 36년. 독재 시기였지만 한편으론 경제성장을 누리던 때이기도 했다. 지난 10여 년간 예수상을 지키고 있다는 수녀님은 당시 이야기를 들려줬다. 예수상은 1959년에 건립을 시작해서 완성하는 데 10년이 걸렸다고 한다. 그 시절 살라자르가 예수상 건립을 결정하고 온 국민이 돈과 힘을 모아 만들었지만, 이젠 리스본 어디서에도 살라자르의 흔적은 찾아볼 수 없다.

살라자르는 앙골라, 모잠비크의 식민지 독립 세력과의 전쟁을 계속

했다. 포르투갈 젊은이들은 아프리카의 전장에서 까닭 없이 죽어갔다. 국민들은 동의할 수 없는 전쟁과 독재에 지쳐 있었다. 마침내 카네이션 혁명이라는 무혈혁명으로 리스본에 봄이 찾아오게 된다.

포르투갈은 해가 길다. 밤 9시가 가까워져도 여전히 환하다. 도시의 일몰을 보기 위해 전망대로 향했다. 하얀 벽들이 석양을 감싸안는다. 노랗게 물들어가는 리스본을 한참 동안 바라봤다.

카네이션 혁명
'리스본의 봄'이라고도 부른다. 1974년 4월 25일 젊은 장교들이 라디오에서 흘러나온 주제 아퐁수Jose Afonso의 노래 〈그랑돌라 빌라 모레나Grândola, Vila Morena〉를 신호로 일제히 혁명을 일으켰다. 이 노래는 살라자르 정부에서 오랫동안 금지곡이었다. 시민들도 함께 거리로 나와 혁명군의 총구에 카네이션을 꽂아줬다. 전 국민의 봉기로 40여 년간 지속된 독재정권을 피 한 방울 흘리지 않고 몰아낼 수 있었다. 식민지들도 이때 독립을 맞게 된다.

리스본의 예수상(상 좌측) 정치 비판 거리 벽화(상 우측)
혁명군의 총구에 카네이션을 꽂는 시민들(하)

남유럽 속으로

화산수를 마시는
상 미겔 섬

리스본에서 비행기로 약 두 시간. 상 미겔 섬
에 도착했다. 상 미겔 섬의 면적은 제주도의 절반 정도다. 아소르스(현
지어 발음, 영어로는 아조레스) 제도의 아홉 개 화산 섬 중 가장 큰 섬이다.

포르투갈 사람들도 죽기 전에 꼭 한 번 오고 싶어한다는 아소르스
제도는 각각의 섬마다 독특한 특징이 있는데 상 미겔 섬은 여전히 활
동 중인 화산의 기운을 느낄 수 있는 곳이다. '초록의 섬'이라는 별명
답게 분화구(칼데라)로 향하는 길은 어디나 아름다웠다. 중간 중간 차
를 멈출 수밖에 없었다.

차를 달려 도착한 곳은 '포구'라는 이름의 분화구다. 위에서 내려다
보니 구름이 쉬어가는 듯 장관이 펼쳐졌다. 얼핏 봐선 분화구의 크기

물이 끓어오르는 푸르나스 호수

를 가늠하기 어려웠다. 아래로 내려가 호수에 다다르고 나서야 생각보다 이곳의 규모가 크다는 것을 알 수 있었다. 상 미겔 섬의 곳곳에서는 사람의 발길이 거의 닿지 않은 야생의 자연을 만날 수 있다. 여전히 부글거리는 작은 칼데라가 널려 있다.

　하루 종일 뜨거운 김을 내뿜는 칼데라만큼이나 옆에 아무렇지도 않게 집을 짓고 살아가는 마을 사람들도 흥미로웠다. 마을은 푸르나스 분화구 근처에 있는데 푸르나스 화산 역시 상 미겔 섬을 구성하는 3대 화산 중 하나다. 마을 한쪽에 식수용으로 설치된 관에서 화산수가 수돗물처럼 졸졸 흘러나온다. 한 모금 마셔보니 탄산이 녹아 있어 알싸한 맛이 난다.

동유럽
속으로

Eastern
Europe

프랑스 건축가 에펠이 설계 건축한 중앙시장 내부

의 고춧가루처럼 헝가리 음식에선 빠질 수 없는 식재료다. 이 시장에
서 제일 유명하고 헝가리다운 채소도 역시 단연 빨간색 파프리카다.
파프리카와 함께 와인, 거위 간, 꿀, 사프란이 헝가리에서 유명한 먹거
리다.

2층에는 헝가리 전통음식을 파는 상점들이 있다. 입맛을 당기는 음
식들이 즐비하다. 쇠고기에 파프리카 고추로 양념해 오랫동안 끓인 매
콤한 맛의 굴라시는 육개장과 비슷한 헝가리 전통수프다. 먹음직스러
운 온갖 샌드위치들과 각종 요리들. 도저히 그 유혹을 참을 수 없어
맛을 보기로 했다.

심사숙고 끝에 고른 것은 '랑고시'라는 헝가리식 호떡이다. 랑고시는
튀긴 도우 위에 따뜻한 마늘소스, 크림과 치즈를 얹고 싱싱한 과일 등

헝가리 시장의 먹거리들

다양한 재료를 얹어 만드는데 종류가 다양하다. 크기는 호떡보다 피자에 가까울 만큼 큼지막하다. 맛은 달고 짭조름했다. 우리나라 찹쌀 도넛처럼 쫄깃하고 바삭해 친근하면서도 당기는 맛이었다.

시장 근처 트램 정류장으로 이동했다. 트램은 부다페스트 시내와 도나우 강을 한 번에 감상할 수 있는 교통수단이다. 특히 2번 트램은 도심 주요 명소는 물론, 해질녘 아름다운 풍경까지 감상할 수 있어 여행자들에겐 유용한 노선이다.

창밖으로 국회의사당이 보인다. 15년에 걸친 공사 끝에 완성된 헝가리 민족의 자존심이자 민주화를 상징하는 곳이다. 국회의사당 옆으로 유유히 흐르는 도나우 강이 한눈에 들어온다. 운치 있는 트램 여행의

도나우 산책로의 신발

매력이 빛나는 순간이다. 도나우 강변을 따라 수 켤레의 신발 조각들이 놓여 있다. 제2차 세계대전 당시 도나우 강에서 파시스트들에 의해 학살된 헝가리 유대인들을 추모하기 위해 설치된 작품이다. 독일군들은 당시 유대인들의 신발을 벗겨 강에 빠뜨렸다고 한다.

낮과는 또 다른 부다페스트의 밤. 밤이 깊어질수록 더욱 환상적이다. 부다페스트의 야경은 파리, 프라하와 함께 유럽 3대 야경으로 꼽힐 만큼 아름답다.

유럽에서 가장 큰
호수 온천

부다페스트에서 남쪽으로 3시간 정도 거리에 헤비츠 마을이 있다. '뜨거운 물'이라는 뜻의 헤비츠는 유럽 최대 호수인 발라톤 인근에 위치한 관광마을이다. 부다페스트에서 조금 먼 거리지만 많은 관광객들이 헤비츠를 찾는 이유가 있다. 바로 온천 때문이다. 헤비츠 온천은 유럽에서 가장 큰 노천 온천이자 세계에서 두 번째로 큰 규모를 자랑한다. 청정 자연에 둘러싸인 호수 전체가 온천이라니 더욱 기대가 된다.

온천에 들어서자 그야말로 그림 같은 풍경이 펼쳐진다. 잘 만들어진 깔끔한 세체니 온천과는 달리 자연 그대로의 매력이 물씬 느껴졌다. 최대 수심은 39m로 수영을 못하는 사람은 튜브가 필수다. 온천수의 온도는 43℃로 일정해 겨울에도 온천욕이 가능하다. 호수에 몸을 맡기고 있으니 상쾌한 숲속 공

헤비츠 Heviz

온천이 유명한 관광마을
인구: 4,300여 명
면적: 8.31km²

기가 온몸을 편안하게 감쌌다. 유럽 온천은 대부분 노천 온천인데 이
곳에는 실내 온천도 있다. 실내에서도 이미 많은 사람들이 온천을 즐기
고 있었다. 헤비츠 온천수는 류머티즘과 신경통에 효과가 있다고 알려
져 치료를 목적으로 찾는 이들이 많다고 한다.

영국 여왕이 주문한
명품 도자기

　　　　　　　　헤비츠에서 차로 한 시간 반 정도 거리에 있
는 티하니는 헝가리에서 가장 아름다운 마을로 꼽힌다. 티하니는 마을
전체가 국립공원으로 지정돼 있다. 먼저 마을 꼭대기에 위치한 티하니
성당으로 향했다. 티하니 성당은 1055년에 지어졌다가 18세기 바로크
양식으로 재건되었다. 지하에는 성당을 건설한 안도라슈 1세의 무덤이
안치돼 있다.

　티하니 마을에서 가장 사랑받는 곳은 거대한 발라톤 호수가 한눈에

티하니 마을의 상점들

내려다보이는 전망대다. 호수 길이만 80km로 '헝가리의 바다'라는 말을 실감케 했다. 봄이 찾아온 발라톤 호수는 참으로 평화롭고 아름다웠다. 고요한 봄을 지나 여름이 되면 이곳에 수영과 서핑을 즐기려는 이들로 북적인다고 한다.

전망대를 내려와 마을로 들어서자 아기자기한 상점들 곳곳이 사람들로 붐빈다. 티하니는 라벤더 산지이기도 해서 말린 보라색 라벤더 묶음들이 가게 입구에 거꾸로 매달려 있다. 가게마다 직접 만든 도자기들을 전시해놓고 있었다. 소박하고 정감 있어 보였다.

예쁜 헝가리 도자기에 대해 좀 더 자세히 알아보기 위해 티하니 근교에 위치한 도자기 마을 헤렌드로 향했다. 마을 이름을 딴 헤렌드 도자기 회사는 현재 독일의 마이센, 덴마크의 로열 코펜하겐과 더불어 세계 3대 명품 도자기로 사랑받고 있다.

1826년 설립된 헤렌드 도자기는 세계 왕실이 사랑한 도자기로 유명하다. 1851년 런던에서 개최된 만국박람회에서 꽃과 나비를 표현한 도자기가 금메달을 수상하고, 영국 빅토리아 여왕이 디너세트를 주문하면서 명성을 얻기 시작했다고 한다. 이곳에는 8천 점 이상의 도자기 작품이 전시돼 있다. 정교하고 아름다운 도자기들은 하나하나가 모두 예술작품이다. 놀랍게도 가격이 우리 돈으로 2천만 원이 훨씬 넘는 고가다. 모양을 만들고 칠을 하는 전 과정이 수작업으로 완성된다. 최고의 원자재를 사용하여 최상의 제품을 생산한다.

전시관 한쪽에선 도자기 만드는 작업이 한창이다. 180년을 이어온 '비법'을 자신 있게 공개했다. 헤렌드 도자기는 최고의 고령토만 사용한다고 한다. 도자기 성형 작업은 흙이 굳기 전에 완성하는 것이 관건이다. 예리한 조각칼로 섬세하게 도려내는 투각 작업 역시 흙의 점성과 건조 상태에 따라 작업이 까다롭기 때문에 숙련된 기술자만 할 수 있는 최고 난이도의 작업이다.

다음 공정은 채색작업이다. 도자기 채색실에서는 1천여 가지가 넘는 천연 안료를 사용한다고 한다. 예리한 펜으로 문양을 그린 후 거기에

동유럽 속으로

세계적인 명품 도자기 헤렌드

색을 입힌다. 이렇게 채색하고 덧칠을 거듭하는 헝가리 고유의 채색방법을 고수해온 것이 아름다운 헤렌드 도자기의 비법이라고 한다.

최근에는 생산량이 많지 않아 희소가치가 더 높아졌다. 직접 만드는 과정을 지켜보니 단순한 공장이 아니라 헝가리의 예술성을 이어온 '장인의 공방'이었다.

중세시대의
마상무예 공연장

베스프렘 서쪽에 위치한 쉬메그로 이동했다. 언덕 위에 솟은 오래된 성 하나가 눈에 들어왔다. 높이 270m의 작은 언덕에 지어진 쉬메그 성이다. 쉬메그 성은 13세기 몽골 제국이 침공했을 당시 헝가리 왕 벨라 4세의 명으로 지어졌다. 성 아래로 많은 사

쉬메그 성

마상무예 공연

람들이 어디론가 가는 모습이 보였다. 그들을 따라 가보니 중세시대의
마상무예 공연장이 나왔다.

공연장에는 사람들로 가득했다. 헝가리 국기를 든 기사가 공연 시작
을 알린다. 이어서 말을 탄 중세시대의 미녀가 등장했다. 처음에는 주
로 말의 장기를 보여주는 쇼가 이어졌다. 앙증맞은 조랑말의 묘기까지
보고 나니 드디어 기대했던 중세시대의 용맹한 기사가 등장했다.

마상무예는 유럽 중세시대에 가장 인기 있는 스포츠였다. 갑옷을 입
은 기사들이 칼을 던지거나 활을 쏘는 쇼가 관객들의 시선을 사로잡
는다. 이번엔 기사들의 일대일 결투가 펼쳐졌다. 공연이라는 사실을 알
면서도 지켜보는 내내 긴장감을 떨칠 수 없었다. 실감나는 결투에 관

쉬메그 성 마당(상) 마상무예 공연의 소품들(하)

동유럽 속으로

객들의 박수가 터져나온다. 지금 이 순간만큼은 중세시대로 돌아간 듯 공연에 빠져들어 숨죽여 지켜보았다. 드디어 승자가 가려지고 긴 전투가 끝이 났다.

공연이 끝난 뒤 집시의 음악 소리를 쫓아 한 동굴로 향했다. 동굴을 개조한 곳으로 중세시대 전통요리를 맛볼 수 있는 식당이다. 콩으로 만든 헝가리식 전통 수프에 이어 절인 양배추와 구운 감자, 소시지, 거위 다리 등이 차례로 나온다. 가만히 보니 사람들이 모두 '손'으로 음식을 먹고 있었다. '헝가리 전통 식사법'이라고 한다.

식당에선 매주 수요일과 토요일에 중세시대를 테마로 한 쇼와 연주가 공연된다고 한다. 식당 안에 바이올린 연주가 울려퍼진다. 악사들의 연주가 분위기를 근사하게 만들어준다. 옛 중세의 모습을 그대로 간직하고 있는 작고 평온한 쉬메그 마을에서의 특별한 경험을 잊지 못할 것 같다.

중세시대 전통요리

시간이 멈춘 듯 중세도시의 향기가 흐르고 문화가 살아 숨쉬는 곳.
따뜻한 미소와 나눔이 있는 동유럽의 보석 체코의 서부 프라하로 길
을 나선다. 우리나라보다 겨울이 일찍 찾아오는 체코에서 색다른 낭
만을 느껴보자.

여행자의
로망

체코 서부 프라하 외

프라하 빨간 지붕의
비밀

　　　　　체코는 우리나라보다 겨울이 빨리 찾아온다. 10월에 벌써 10cm가 넘는 첫눈이 내렸다고 한다. 첫 발걸음을 프라하의 상징인 프라하 성으로 내딛는다. 길거리 연주단인 노신사들의 멋진 하모니와 선율을 들으니 체코에 온 것이 새삼 실감난다. 아름다운 선율에 취하고 있을 때 수많은 관광객이 삼삼오오 모여든다. 매일 정오에 실시되는 근위병 교대식을 보기 위해서다. 근위병의 절도가 느껴진다. 근위병들은 위엄을 지키기 위해 웃지 않는 훈련, 무표정한 얼굴로 있기, 눈 깜박거리지 않기 등 이상하고도 재미있는 훈련으로 무장한다고 한다. 관광객들에겐 크나큰 즐거움이다.

　　프라하 성은 9세기 중반 건축을 시작해서 14세기 카를 4세의 치세 때 현재의 위용이 완성됐다. 현재도 대통령궁으로 사용되는 살

프라하 Praha
....

중세의 모습을 간직한 체코
최대의 정치 · 경제 · 문화의
중심지
인구: 126만 2,106명
면적: 65.7km²

프라하 성

아 있는 체코 권력의 심장부다. 성의 중심부에는 성 비투스 대성당이 자리 잡고 있다. 유럽 건축물의 유행이 바뀔 때마다 새로운 양식을 덧붙여 만든 성당은 1344년부터 짓기 시작해 1929년에 최종적으로 완성됐다. 16세기 르네상스 양식과 바로크 신고딕 양식의 백미를 보여주는 건축물로 성당 안은 살아 있는 유럽 건축의 박물관이다. 체코의 유명한 예술가인 알폰스 무하Alphonse Mucha가 제작한 아르누보 양식의 스테인드글라스는 어두운 성당에 아름다운 빛을 더한다.

성당 중앙에는 역대 이 지역을 다스렸던 왕들의 무덤이 있다. 체코에서 성인으로 추앙받는 얀 네포무츠키의 무덤 동상은 은으로 화려하게 장식되어 있다. 그는 바츨라프 4세 때 왕이 왕궁을 비운 사이 왕비의 고해성사를 듣게 되는데 그 내용이 궁금한 왕이 내용을 물었지만 끝

동유럽 속으로

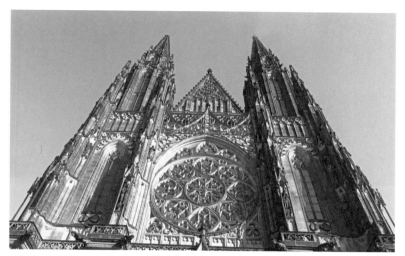

성 비투스 대성당

내 대답하지 않아 화가 난 왕은 그의 혀를 자르고 블타바^{Vltava}(독일어로는 몰다우) 강에 그를 던져버렸다. 그러던 어느 날 별 다섯 개가 뜨고 시신이 떠오르자 왕국의 근심이 사라졌다고 한다.

성당을 나와 북쪽 비탈길을 걸으면 황금소로를 만날 수 있다. 성 안에서 일하는 하인들의 거처였다가 황금을 만드는 연금술사들의 거처로 사용되면서 현재까지 이름이 전해지고 있다. 집 내부는 과거의 생활상이 고스란히 보존돼 있어 옛 체코인의 삶의 체취를 그대로 느낄수 있다. 고풍스런 프라하 성을 나와 트램에 올라선다.

페트리진 공원에 도착해 325m 높이의 산을 케이블카로 이동한다. 정상에는 1891년 파리의 에펠탑을 본떠 만든 페트리진 전망대가 있다. 전망대 내부에는 엘리베이터가 있는데 네 명이 타기에도 비좁다. 60m

황금소로
성 안에서 일하는 하인들의 거처였다가 황금을 만드는 연금
술사들의 거처로 사용되면서 현재까지 이름이 전해지고 있다.
집 내부는 과거의 생활상이 고스란히 보존돼 있어 옛 체코인
의 삶의 체취를 그대로 느낄 수 있다.

페트리진 전망대에서 바라본 프라하 전경

높이의 전망대에는 프라하의 전망을 보기 위해 많은 관광객들이 벌써 자리를 잡았다. 황금의 도시 프라하의 전경이 한눈에 들어온다. 프라하의 아름다움을 더하는 빨간 지붕도 빼놓을 수 없는 광경이다. 제2차 세계대전 당시 민간인 거주 지역을 표시하기 위해 빨간색을 칠한 것이 기원이라고 한다.

젊은이들이 벽에 그림을 그리고 있다. 수많은 사람들의 추억이 한 겹 한 겹 쌓이고 있는 벽은 '세계의 낙서장'이라고 불린다. 1968년 자유를 위한 혁명 '프라하의 봄' 당시 체코 청년들의 가슴을 불태운 '존 레넌'을 기념해 '존레넌 벽'이라 부르기도 한다. 그 열망은 현재 체코 젊은이들의 마음속에도 고스란히 간직되고 있다.

존레넌 벽

유대인의 자본으로
번영한 도시

프라하의 심장부 구시가 광장에 왔다. 11세기 부터 독일과 프랑스의 상업교류를 통해 발전한 이 지역은 현재도 관광객들이 모이는 중심지 역할을 하고 있다. 거리의 다양한 음식들이 사람들의 발길을 이끈다. 프라하의 번영은 프라하로 이주해온 유대인들의 자본에서 시작되었다. 귀족들은 화려하고 멋진 집을 짓길 원했고 그 돈은 고리대금업자인 유대인들에게서 나왔다.

광장 한쪽에 아이들이 호기심 어린 눈으로 무언가를 바라보고 있다. 관광객들도 시선을 떼지 못하는데 바로 천문시계다. 모라비아의 시계가 공산 시절의 흔적을 보여주는 반면, 1410년에 제작된 프라하 천

동유럽 속으로

프라하 천문시계

문시계는 중세의 흔적을 보여준다. 당시의 우주관인 천동설을 기초로 지구를 중심으로 도는 태양과 달을 표시하고 있다. 아래쪽은 황도 12궁이 표시돼 있는데 각 계절별로 농촌에서 할 일을 알려주고 있다. 이 시계는 일반적인 천문시계와 달리 아주 정확한 시간을 자동으로 알려주며 매년 해와 달의 위치 변화에 따라 시침과 분침의 위치가 바뀌면서 천체의 움직임을 보여준다.

어렵게 협조를 얻어 관리자와 함께 천문시계 내부로 들어가봤다. 내부에는 커다란 톱니바퀴와 작은 시계가 있고 1948년부터 전동장치로 작동된다고 한다. 15세기는 유럽의 시계 제작기술이 당대 최고로 평가받던 시기다. 프라하 천문시계는 현재까지 3번 정도의 수리를 거쳤는데 지금도 문제없이 운용된다 하니 당시 기술력의 위대함을 느낄 수 있다.

체코

탑의 상층부로 올라서자 12사도상이 보였다. 목각으로 제작된 인형은 각자의 특징이 세밀하게 묘사돼 있다. 매 시각 정각이 되면 천문시계의 화려한 쇼가 시작된다. 시계 위 작은 창문이 열리고 12사도상이 빙빙 돌면서 모습을 드러내는 것이다. 프라하를 여행하는 아이들에겐 잊지 못할 추억으로 남을 듯하다.

프라하를 관통하는 블타바 강가로 나갔다. 홍수가 많이 발생했던 이 강은 수해를 줄이기 위해 모든 건물을 강에서 2m 이상 떨어져 짓도록 했다. 2002년에 건물 1층이 모두 잠길 정도로 큰 범람이 있었는데 이 장면을 보기 위해 수많은 관광객이 방문했다고 하니 모든 게 관광 상품인 도시다. 블타바 강변을 돌아보기 위해 유람선에 올라탄다. 수변의 아름다운 정취를 그대로 느낄 수 있다.

체코의 겨울밤은 너무 일찍 찾아온다. 오후 3시가 조금 넘은 시간인데 벌써 해가 진다. 밤이 되면 이가 부딪힐 정도로 매서운 추위가 찾아온다. 추위도 관광객들의 발걸음을 멈추진 못한다. 신시가지의 중심

프라하의 야경

지 바츨라프 광장은 가로등 불빛에 주황색으로 물들고 밤인데도 행인
들이 끊이지 않는다.

저녁식사를 위해 체코 전통식당을 찾았다. 식당에서는 나이 지긋한
악사들의 연주가 한창이다. 비록 낡고 오래된 악기지만 흥을 돋우는
데 이만한 음악은 없다. 식당은 주방의 모습을 대형 모니터를 통해 그
대로 보여주고 있다. 주방으로 향하자 맛있는 냄새가 코를 자극한다.
체코 음식의 특징은 돼지족을 우려내 만든 소스다. 전통의 맛을 내기
위해 채소에서 고기와 향신료까지 모두 체코산만 사용한다고 한다. 구

체코 전통 스테이크

체코 전통 굴라쉬

운 통마늘과 알맞게 익은 고기에 소스를 뿌리면 체코식 쇠고기스테이크가 완성된다. 부드러운 밀가루에 우유를 넣고 만든 크네들릭이라는 빵은 찜통에 한 번 찌고 난 후 돼지족 육수로 만든 소스를 뿌려주면 완성되는 서민음식이다. 입에서 살살 녹는 맛있는 음식과 체코의 전통음악이 프라하의 밤을 더욱 즐겁게 한다.

세상에서 하나뿐인
마리오네트 인형

한치 앞도 보이지 않는 아침 안개 때문에 겨울 프라하에 있음을 실감한다. 카를교는 프라하의 전성기를 이끌었던 카를 4세가 블타바 강에 놓은 다리다. 다리 위 사람들의 발길이 모인 곳은 얀 네모프츠키 성인의 동상 앞이다. 카를교에는 30개의 성인상이 있는데 그중 유일하게 청동으로 제작된 동상이다. 소원을 들어준다는 전설 때문에 번쩍번쩍 윤이 난다.

카를교 아래 있는 마리오네트 인형을 파는 곳으로 가봤다. 가게 안에는 수백 가지의 인형들이 있는데 모두 수공예로 제작된 것들이다. 마리오네트는 가는 실을 인형의 손발에 연결해 마치 살아 있는 것처럼 조작하는 인형을 뜻한다. 크고 섬세하게 제작된 인형은 100만 원이 넘는다고 한다. 인형 제작을 체험해볼 수 있다는 말에 마리오네트 공방을 찾았다. 손수 제작한 수많은 소품들은 비슷해 보이지만 모두 제각각의 개성을 지니고 있다. 언뜻 보면 무서운 표정이지만 자세히 보니

동유럽 속으로

모차르트 오페라 〈돈 조반니〉 마리오네트 공연

모두 웃고 있다. 왠지 그 웃음이 우리 정서랑 맞지는 않아 보인다.

공방 체험은 자신이 원하는 인형을 선택하면 간단한 설명을 들은 후에 시작된다. 나만의 인형을 만드는 데 드는 체험 참가비는 우리 돈 6만원 정도로 시중에서 파는 마리오네트 인형과 비슷한 값이다. 얼굴을 만들고 채색을 한 후 움직임을 좋게 하기 위해 끈을 달아 마무리를 하면 마리오네트 인형이 완성된다.

밤에 마리오네트 공연장을 찾았다. 오늘의 공연은 모차르트의 대표 오페라인 〈돈 조반니〉로 체코어로 진행되었다. 내용을 이해하기에는 사전 공부가 필요했지만 역동적인 인형의 움직임을 보는 것만으로도 눈이 즐겁다. 1막이 끝나고 극장 측의 배려로 무대 뒤를 찾았다. 인형에 연결된 줄을 열심히 움직이는 모습에서 장인들 손끝의 섬세함이 그대로 전해졌다.

괴테가 소녀에게
청혼한 마을

　　　　　체코의 서쪽 끝 마리안스케라즈네로 발길을 돌렸다. 체코의 3대 온천 도시 중 하나인 이곳은 유럽의 귀족과 대문호들이 찾았던 곳으로 유명하다. 독일의 대문호 괴테도 즐겨 찾았는데, 일흔네 살의 나이에 이곳에서 만난 열아홉 살의 여성에게 청혼했지만 사랑을 이루지 못했다는 슬픈 이야기가 전해지고 있다.

　온천은 1808년 본격적으로 개발됐는데 의사의 처방전에 따라 치료와 요양을 위한 곳으로 발전했다. 관광객들은 70여 개가 넘는 호텔에서 각자의 처방에 맞는 온천욕을 즐긴다. 짧게는 2주에서 한 달가량 휴양과 치료를 병행하는데 대부분의 관광객은 러시아 사람들이다.

마리안스케라즈네
Marianske Lazne
....

사방이 산으로 둘러싸인
아담한 온천 도시
인구: 1만 3,283명
면적: 51.81km²

　광천수를 맛볼 수 있는 약수터도 있다. 사람들이 들고 있는 컵은 빨대처럼 흡입구가 따로 만들어진 특이한 구조다. 개인 컵을 보관한 뒤 하루에 두세 번 찾아와서 정해진 시간에 마신다고 한다. 이곳은 3종류의 온천수가 있는데 신진대사, 위, 신장 등 자신이 치료를 원하는 곳에 맞게 선택한다. 의사의 처방은 없었지만 몸에 좋다는 말에 물을 마셔봤는데 철 성분이 너무 강해서인지 쓰고 녹슨 철을 먹는 맛이 나서 개운하지는 않았다.

차에 맥주를 가득 싣고 있던 아주머니가 한 온천장에서 맥주 목욕과 온천수 마사지, 팩을 하는 모임이 있다고 소개한다. 맥주 목욕이라는 말에 호기심이 생겨 따라나선다. 한 호텔 지하의 스파에 들어가자 맥주 냄새가 코를 찌른다. 개인 욕조에 수도꼭지 대신 맥주꼭지가 달려 있다. 욕조 하나를 채우는 데 맥주 30L가 든다. 정제되지 않아 효모가 왕성한 맥주를 사용하며 1시간 동안 목욕을 즐기는 비용은 4만

마리안스케라르네의 온천 휴양단지(左)　맥주 목욕 체험(右)

원 정도다. 클레오파트라가 매일 맥주 목욕을 즐겼다고 전해지는데 피부 미백과 주름살 제거에 탁월한 효과가 있다고 한다. 술독에 빠져서 잠시나마 여행의 피로를 풀어본다.

체코에서 유명한 필스너 맥주를 맛보기 위해 펍을 찾았다. 체코는 1인당 맥주 소비량이 세계 최고로 맥주 사랑이 대단한 나라다. 체코 사람들은 맥주와 생 쇠고기를 잘게 다지거나 간 타타르를 안주로 즐겨 먹는다. 우리의 육회와 비슷하며 기마민족인 타타르족이 먹었던 음식이라고 한다. 짭짜름한 안주와 함께 마시는 맥주의 맛은 가히 환상적이다. 흥겨운 술자리는 체코의 기나긴 밤과 함께 무르 익어간다.

체코는 크게 동부의 모라비아와 서부의 보헤미아 지방으로 나뉜다.
모라비아는 모라바 강이 빚어내는 목가적 풍경과 중세의 고성들이
아름다운 조화를 이루는 곳이다. 비옥한 대지가 선사하는 풍성한 수
확의 기쁨을 함께하며 축제를 벌이는 체코의 모라비아로 떠나보자.

축제의
땅에서 놀다

체코 동부 올로모우츠 외

이 세상에 똑같은
파이프 오르간은 없다

체코의 수도 프라하에서 모라비아의 중심도시 올로모우츠까지는 차로 3시간을 더 가야 한다. 올로모우츠는 문화재가 프라하 다음으로 많은 천년의 고도다. 구시가지 중앙에 호르니 광장이 있다. 광장 아리온 분수의 시원한 물줄기가 여행객을 맞이한다. 이 분수는 고대 그리스 시인이자 가수였던 아리온이 바다에 빠졌을 때 그의 노래에 매료된 돌고래가 구해주었다는 전설을 형상화한 것이라고 한다.

호르니 광장 한쪽에는 흑사병을 퇴치한 기념으로 세워진 '성 삼위일체 기념비'가 있다. 18세기 중반 세워진 바로크 양식의 기념비는 만드는 데 37년이 걸렸다고 한다. 예수의 열두 제자를 포함하여 성인들의 조각상이 가장 많이 새겨져 있는 것으로 알려져 있다.

광장을 둘러싸고 있는 알록달록한 건물들

올로모우츠 Olomouc

모라비아의 중심도시이자
전통과 문화를 간직한
역사도시
인구: 10만 5천 명
면적: 103.4km²

호르니 광장

은 여러 번 보수한 흔적이 역력하다. 고딕 양식, 르네상스 양식의 건물
들이 후에 바로크, 로코코 양식의 옷을 입게 되었다고 한다. 페트라쉬
저택은 호르니 광장에서 아주 중요한 건물이다. 외부는 바로크 양식인
데 내부는 르네상스식 회랑으로 되어 있다. 집주인이 중세 고딕 양식
의 건물 둘을 구입해서 그후 여러 번 재건축을 했다고 한다. 17세기에
일어난 종교전쟁인 30년전쟁으로 도시 전체가 파괴된 후 이를 복구하
면서 다양한 양식이 혼재된 건물이 생겨난 것이다.

　정오가 가까워지자 여행객들이 시청 정면에 설치된 천문시계로 모여
든다. 천문시계를 장식하고 있는 인형 조형물들의 춤사위를 보기 위해
서다. 이 시계는 제2차 세계대전 때 훼손되어 1950년대 사회주의 이미

올로모우츠 요새 성벽 위

지를 반영하는 현재의 모습으로 바뀌었다고 한다.

호르니 광장을 조금 벗어나면 올로모우츠 요새의 성벽을 만날 수 있다. 중세부터 요새가 지어졌던 이곳은 오스트리아가 통치할 시기에 강화되어 18세기에 프로이센의 침략을 막아냈다고 한다. 올로모우츠 시내를 둘러보기 위해서 트램을 탔다. 1899년에 개통된 이 트램은 현재 5개의 노선이 운행되고 있었다. 매표소를 찾지 못해도 차비를 운전기사에게 직접 내면 된다.

트램에서 내리니 하늘을 찌를 듯이 높이 솟아 있는 성당이 눈에 들어온다. 하늘에 이르고 싶은 욕망을 표현한 고딕 양식의 성 바츨라프 성당이다. 가장 높은 첨탑의 높이는 100m다. 올로모우츠가 모라비아

체코

1745년에 만들어진 성 모리츠 성당의 파이프 오르간

지방의 중심이 된 것은 대주교청이 세워졌기 때문이다. 성당에서 대주교의 미사 집전이 이뤄진다고 한다. 대주교의 근거지인 올로모우츠에는 오래된 성당들이 많다.

음악 소리가 흘러나오는 성 모리츠 성당으로 들어가봤다. 소리를 내는 악기는 성당 뒤 2층에 설치되어 있는 파이프 오르간이다. 이 오르간은 1745년에 만들어진 것으로 중부 유럽에서 가장 크다. 지금은 전자식으로 작동하지만 예전에는 8명의 건장한 남성들이 공기주머니를 밟아서 파이프에 공기를 넣어 소리를 냈다고 한다. 파이프 오르간의 특징은 전 세계에 똑같은 오르간은 없다는 사실이다. '사람'처럼 말이다. 만들 당시 설치된 건반으로 여전히 연주가 가능하다는 연주자의

동유럽 속으로

설명에 또 한 번 놀란다. 파이프 오르간 연주를 보는 것은 처음이라 색다른 경험이었다.

바로크 양식의 걸작
크베트나 정원

모라비아 지역은 서정적인 풍광 때문에 사진 작가들이 즐겨 찾는 곳이다. 모라바 강은 이 지역을 관통하며 흐르다 도나우 강으로 합류해 흑해로 흘러든다. 유람선을 타고 시원한 강바람을 맞으며 스쳐가는 경치를 본다. 따스한 가을 햇살을 받으며 선상에서 즐기는 식사는 더할 나위 없는 맛이다.

유람선에서 내려 올로모우츠 근처의 작은 도시 벨카 비스트리체를 지나는 길에 독특한 의상을 입은 사람들과 마주쳤다. 전통민속행사에 참가하려는 사람들이었다. 그들을 따라가보기로 했다. 그들이 건네준

전통민요를 부르는 모라비아 여인들

단맛이 강한 모라비아의 과자를 먹으며 마을의 한 광장에 도착했다. 무대 위에서 민속공연이 한창 진행되고 있었다. 전통민요와 군무가 이어지고 아이들도 흥겨운 가락에 장단을 맞춘다.

평야지대라는 뜻을 지닌 하나 지방(벨카 비스트리체가 속한 지방)은 풍요로운 곳이다. 예로부터 전통예술이 발달하고 잘 보존되어서 이런 축제행사도 꾸준히 개최된다고 한다.

올로모우츠에 거주하던 대주교의 여름 별장(크로메르지시)도 이곳에 있는데, 30년전쟁 때 불타서 새로 지은 건물이다. 건물 안에 들어서자 맨 앞방에는 사슴을 비롯해 동물들의 박제가 온 벽면을 수놓고 있다. 박제 아래에 사냥한 사람의 이름과 연도도 새겨놓았다. 모두 이곳을

대주교의 여름 별장 근처의 크베트나 정원

방문했던 중요한 인물들이다. 당시에 대주교는 단순한 종교지도자가 아닌 정치적 중재자의 역할이 컸다. 권위를 상징하듯 방들이 화려하다. 방 한쪽에 있는 세라믹 조형물은 당시에 사용하던 벽난로다. 대주교가 일반인들을 접견했던 방에는 그가 앉았던 의자가 그대로 남아 있다. 대주교의 여름 별장 근처에 있는 크베트나 정원은 17세기에 완벽한 좌우대칭을 추구하는 바로크 양식으로 꾸며져 정원의 걸작으로 평가받는다. 규모는 작지만 프랑스의 베르사유 정원과 곧잘 비교될 정도로 아름다운 경관을 간직한 곳이다.

색다른 축제
고추먹기대회

올로모우츠에서 남서쪽으로 60km 떨어져 있는 브르노는 프라하에 이어 체코에서 두 번째로 큰 도시다. 30년전쟁으로 올로모우츠가 파괴되자 스웨덴군의 침략에도 점령되지 않은 덕분에 새로이 모라비아의 중심지로 떠오르면서 발전한 곳이다.

인구가 늘어 이제는 박물관으로 쓰이는 옛 시청사가 보인다. 건물 정면의 조각들 중 하나가 휘어져 있는데 세공사가 잔금을 받지 못하자 분풀이로 꼬부렸다는 우스갯소리가 전한다.

브르노에서 가장 높은 곳에 슈필베르크 성이 있다. 13세기에 처음 지어져 17세기에 바로크식 요새로 개축되었다. 요새였다는 사실을 증명하듯 성 앞에는 대포를 진열해놓았다. 안쪽에 있는 해자로 내려가면 감옥으로 쓰였던 지하에 있는 방으로 들어갈 수 있다. 오스트리아가 지배하던 18세기에 황제의 명

브르노 Brno

체코에서 두 번째로 큰 도시로 문화와 산업이 발달한 관광지
인구: 40만 명
면적: 230km²

젤니 광장에 선 아침 시장

령으로 슈필베르크 성은 감옥이 되었고 나중에는 나치가 수용소로 이용했다. 성탑에 올라서니 브르노 시내가 한눈에 들어온다. 현대식 건물 사이로 고풍스런 건물들이 조화로워 보인다.

양배추라는 뜻을 지닌 젤니 광장에 가보니 노점에서 채소와 과일을 팔고 있다. 아침마다 서는 이 시장은 저렴한 가격에 신선도도 높아 브르노 시민들이 애용하는 곳이다.

축제가 열린다는 말을 듣고 찾아간 시내의 한 공원엔 벌써부터 사람들이 많이 모여 있다. 부스마다 음식을 팔고 있었는데 모두 매운 음식이라고 한다. 먹을 것을 들고 즐거워하는 사람들이 있는가 하면 고추 복장을 한 사람도 보인다. 고추 재배자들이 마련한 고추축제다. 한 부스에 김치라는 간판이 걸려 있다. 체코 축제에 김치라니 반갑기도 하

고추축제가 열리는 브르노 시내의 공원

고 신기했다. 맛을 보는 사람들의 반응이 궁금했다. 주인의 권유에 맛을 보니 한국 김치와 별반 다르지 않았다.

　무대 뒤편에서는 축제의 하이라이트인 고추먹기대회에 사용될 재료를 준비하느라 분주하다. 참가자들에게는 주의사항이 전달된다. 만약을 대비해 의료진까지 대기시켰다. 흥을 돋우려는 사회자는 멀리 한국에서 온 취재진을 불러냈다.

　대회는 덜 매운 것부터 제공되는데 참가자들은 1분 내에 먹어야 하고 모두 11단계로 되어 있다. 가장 매운 것은 그 정도가 최루탄의 두 배 이상이라고 한다. 눈물, 콧물에 오만상을 하며 버텨보지만 하나둘 탈락하고 사람들의 응원 속에 남은 두 사람이 마지막 승부를 겨룬다. 마침내 결정된 최종 우승자의 여전히 여유로운 모습이 믿기지 않았지만, 색다른 축제의 즐거움이 있었다.

리히텐슈타인
왕가의 여름 별장

브르노를 떠나 남부 모라비아의 레드니체로 향했다. 이 지역에서 가장 아름다운 레드니체 성과 발티체 성을 보기 위해서다. 레드니체 성은 체코에서 정말 흥미로운 유적으로 손꼽히며 사람들이 가장 많이 찾는 유적이다. 13세기 중반 신성로마제국 시대에 건축을 시작해 19세기 중반에 신고딕 양식으로 새로 지은 이 성은 아직도 유럽의 소국으로 남아 있는 리히텐슈타인 가문이 남긴 것이다. 이 가문은 1945년까지 약 700년 동안 이 지역을 통치했다.

성 안으로 들어서자 우아하고 화려하게 꾸며진 방들이 주인이 얼마나 부유했는지를 말해주고 있었다. 아프리카, 중국, 일본 등 세계 곳곳에서 수집해온 물건들도 전시돼 있다. 한 방에 들어가니 섬세하게 세공된 나선형 계단이 보였다. 이 계단은 하나의 참나무로 3명의 장인이 8년에 걸쳐 만든 것이라고 한다. 장인들은 서명 대신 자신들을 상징하는 동물 문양을 계단에 새겨놓았다. 리히텐슈타인 가문은 인근의 발

'호박축제'에 전시된 호박작품들

티체에 거주하면서 이 성을 여름 별장으로 사용했다.

성 앞에는 프랑스풍의 바로크식 정원이 조성돼 있어 방문객들의 발
길이 끊이지 않는다. 정원을 벗어나 걸어가다보면 끝이 보이지 않는 드
넓은 공원이 나타난다. 170ha나 되는 영국식 공원은 리히텐슈타인 가
문이 수세기 동안 공을 들인 끝에 지금의 모습을 갖게 되었다.

시내 길가를 걷다보니 곳곳에 호박이 보인다. 근처 작은 공터에서 디
뇨브라니 페스티벌이라고 불리는 호박축제가 열리고 있었다. 어린 아
이들이 부모들과 함께 각자 원하는 모양의 호박 얼굴을 만드느라 분주
하다. 공터 한쪽에 전시된 호박 얼굴들은 그 숫자만큼이나 다양하다.
나중에 잘된 것을 뽑아 상도 준다.

레드니체 성과 바로크식 정원

동유럽 속으로

호박축제는 아이들의 축제가 없는 것을 안타깝게 여긴 한 사람의 제
안으로 시작되었다고 한다. 아이들의 웃는 모습을 보는 것은 언제나
즐겁다. 레드니체와 더불어 유네스코 세계문화경관으로 지정된 발티체
에도 화려함을 자랑하는 발티체 성이 있다. 발티체의 한 언덕에는 '레
이스트네의 기둥들'이라 불리는 거대한 건축물이 남아 있다. 리히텐슈
타인 가문의 아들이 19세기 초 아버지와 형제들을 그리워하며 세웠다
고 전해진다.

이 가문의 주거지였던 발티체 성의 지하에 있는 와인 저장고를 찾아
가 봤다. 와인을 시음하고 구매도 할 수 있는 곳이다. 매년 체코국립와
인협회에서 선정하는 최고의 와인 100점이 비치되어 있어 와인 애호
가라면 지나칠 수 없는 곳이다.

남부 모라비아 지역은 체코 와인의 97퍼센트가 생산되는 와인의 주
산지다. 300개가 넘는 마을에서 와인용 포도를 재배하고 있었다. 농장
에서는 포도를 수확하느라 일손이 한창 바쁘다. 이 지역은 기온과 강
수량, 일조량이 적절한데다 석회질 점토로 된 토양 덕분에 와인의 향

발티체 와인

이 특히 좋다고 한다.

발티체에서 가까운 거리에 있는 미쿨로프의 언덕 정상에 성당이 보인다. 이곳은 순례자의 '성스러운 언덕'으로 불린다. 아마도 언덕으로 올라가는 길이 예수가 십자가를 지고 골고다 언덕을 올라가던 순간을 떠오르게 하기 때문인 듯하다. 약 20분을 걸어 올라가야 하는데 의외로 사람들이 많다. 가는 길에는 예배를 볼 수 있는 작은 예배당이 14군데나 있다. 사람들이 모두 꼭대기에 있는 성 세바스찬 성당으로 향한다. 예배를 보러 가는 줄 알았더니 성당 앞에서 미쿨로프의 와인 생산자들이 무료로 와인을 나눠주고 있었다. 포도수확축제 기간 동안 이곳에서 와인 시음회가 열리는 모양이다.

언덕 위에서 바라보는 미쿨로프 마을은 아기자기하고 예쁘다. 여행객들이 언덕을 올라오는 이유를 알 것 같다. 너도나도 추억의 사진을 남긴다. 여기서 셔터를 누르지 않을 사람이 누가 있을까?

포도수확축제가 열리는
즈노이모

남부 모라비아의 가장 서쪽에 위치한 인구 4만의 꽤 큰 도시 즈노이모에 도착했다. 아침부터 시내가 사람들로 북적인다. 3일 동안 이뤄지는 포도수확축제 때문이다. 여행객들이 지도를 보며 행사 장소를 찾고 있다. 거리 곳곳에는 임시로 차려놓은 가게들이 즐비하다.

  가운데가 뻥 뚫린 달콤한 빵 트르델니크(트르들로), 밀가루에 마늘, 사과 등을 넣어 만든 팔라친키, 기로스라 불리는 돼지고기까지 군침이 절로 돈다. 다른 쪽에는 액세서리를 비롯한 각종 기념품을 팔고 있고, 대장간까지 옮겨놓았다.

  사람들이 막걸리처럼 보이는 음료를 즐겁게 마시고 있다. 가게에 놓인 통도 막걸리 통과 비슷하다. 이것은 부르착이라는 술로 와인이 발효되자마자 짜내는 첫 번째 와인이다. 한 잔에 약 300원, 맛을 보니 숙성되기 전이라 달콤하고 향긋하다. 부르착은 1년에 단 한 번 9월초부터 약 3주 동안만 맛볼 수 있기 때문에 체코 사람들에게 인기가 높다

고 한다.

잠시 후 기마경찰을 선두로 얀 룩셈부르크 왕이 방문했던 중세모습을 재연하는 중세시대 퍼레이드가 시작됐다. 왕의 행차라 은전이 베풀어지고, 무장을 한 기사들 다음으로 귀족부인들이 뒤따른다. 끝없이 이어지는 행렬을 보니 그 시대에 있었던 온갖 신분의 사람들이 모두 등장하는 것 같다. 외국인들까지 보인다. 퍼레이드에 참가하는 사람만 600명이 넘는다고 한다. 행렬의 맨 끝에는 포도로 장식한 마차가 포도 수확이 시작되었음을 알리며 지나간다. 행렬은 시내를 한 바퀴 돌아 광장에서 멈췄다.

퍼레이드의 주인공 얀 룩셈부르크 왕은 외교수완이 뛰어났던 인물로 1327년 폴란드 침공에 성공을 거두고 돌아오는 길에 즈노이모에 들러 많은 자치권을 허용했다고 한다. 그때가 마침 포도 수확철이어서 이 영광스러운 날을 축제에 반영하게 되었다고 한다.

포도수확축제 기간에 즈노이모를 찾는 방문객은 11만 명이 넘는다. 행사가 끝나자 삼삼오오 흩어져 함께 온 사람들과 와인을 마시며 축제를 즐긴다. 3일 동안 열리는 축제는 밤까지 계속됐다.

와인 향에 흠뻑 젖었던 남부 모라비아를 떠나 북쪽으로 향했다. 저 멀리 가파른 절벽 위에 페른슈타인 성이 보인다. 13세기에 지어진 이 성은 한 번도 점령된 적이 없어 원형이 가장 잘 보존되어 있었다. 성의 맨 안쪽 문설주에 하얗게 움푹 들어간 것은 30년전쟁 때 스웨덴군이 남긴 포탄 자국이다. 페른슈타인 성은 기묘하고 괴기스러운 분위기 때문에 드라큘라가 등장하는 영화의 단골 촬영장소로 쓰인다고 한다.

동유럽 속으로

페른슈타인 성

건물 입구에는 이제는 대가 끊긴 페른슈타인 가문의 문장을 새겨놓았다. 통로는 미로처럼 되어 있고, 건물 사이로 하늘이 손바닥만 하게 보인다. 좁은 터를 최대한 활용한 흔적이 엿보인다.

방은 고딕 양식의 리브볼트 천장(안쪽에 늑골rib 모양의 지지대를 설치한 천장)에 석고가루를 칠해 흰해 보인다. 재현해놓은 식탁은 지금 보아도 화려하다. 당시에 사용하던 가구들도 그대로 보존되어 있다. 페른슈타인 성 근처에서 사냥한 동물의 박제가 전시된 방도 있다. 성 아래서 보이던 나무다리를 건너니 감시탑 옥상으로 이어진다. 사방이 환히 내려다보이는 이곳에서 감시하면 정말 아무도 침입할 수 없을 것 같았다.

슈트람베르크 마을 전경

바다가 없는 체코인들의
인기 휴양지

　　　　　　　　모리비아 지역을 여행하는 사람이라면 꼭 들
러야 하는 곳으로 알려진 슈트람베르크를 찾았다. 마을은 마치 한폭
의 그림같다. 위에서 내려다보니 또 다른 풍경화가 펼쳐진다. 어떤 화가
가 이렇게 아름다운 그림을 그려낼 수 있을까?

　이 마을에서만 생산되는 특산품을 파는 한 가게에 들렀다. 가게 안
에서는 팬케이크처럼 생긴 과자를 구운 다음 컵에 넣어 귀처럼 만들
고 있었다. 밀가루 반죽에 꿀과 향신료, 생강 등을 곁들여 만드는 이
과자의 이름은 '슈트람베르크의 귀'다. 가게주인은 과자에 얽힌 슬픈

슈트람베르크의 귀

사연을 들려줬다. 1241년경 몽골족들이 이 지역을 침범했을 때 그들은 기독교인을 죽인 증거로 시체의 귀를 잘라 소금을 뿌린 다음 자루에 담아 칸(대장)에게 보냈다. 나중에 이곳 사람들은 몽골족을 물리치고 승리를 기뻐하며 과거 자신들이 겪은 고난을 기억하기 위해 이 과자를 만들어 먹었는데 그것이 지금까지 이어지고 있다는 것이다. 이제 슈트람베르크의 귀는 방문객은 물론 유럽 각지에서 주문이 들어올 정도로 마을의 상징이 되었다.

모라비아의 북서쪽 끝에 위치한 공업도시 오스트라바. 시내에 들어서면 녹이 슨 거대한 철강공장을 마주하게 된다. 체코 최대 철강 생산

비트코비체 산업역사단지의 볼트타워

예세니크에서 산악자전거를 즐기는 사람들

동유럽 속으로

지였던 비트코비체 산업역사단지는 경쟁력 상실로 1998년 문을 닫았다. 고철을 팔고 재개발을 하자는 움직임도 있었지만 역사적 유산으로 보존하는 데 의견이 모아졌다고 한다.

덕분에 한국영화 〈국제시장〉의 촬영지로도 사용되었다. 조금 흉물스러워 보일 수도 있는데 의외로 방문객들이 많이 눈에 띈다. 80m 높이의 볼트타워의 꼭대기에 새로 만든 구조물이 보인다. 올라가보니 전망대와 카페를 꾸며놓았다. 오스트라바 시내가 석양에 물들고 있다. 시내 중심가에 있는 녹슨 공장을 허물지 않고 관광지로 이용하는 이들의 발상이 놀랍다. 차와 간단한 음식을 먹을 수 있는 카페에서는 연인과 가족들이 즐거운 시간을 함께하고 있었다.

오스트라바를 떠나 예세니크로 향했다. 산악지방인 이곳은 바다가 없는 체코 사람들에게 인기 있는 휴양지다. 특히 겨울에는 스키장이 성시를 이룬다. 이 시기에 예세니크에서 즐기는 레포츠는 트레킹과 산악자전거다. 자전거 행렬을 따라가다보니 어느새 산속이다. 원래 사냥꾼들이 이용하던 길이었는데 산악자전거 코스로 개발했다고 한다. 이 마을에서는 자연을 음미하고 싶은 노인들을 위해 꼬마 전기열차도 운행되고 있었다.

푸른 산과 맑은 공기를 찾아온 사람들이 이곳 산기슭에 있는 작은 물웅덩이 주변을 한가로이 걷고 있다. 보고만 있어도 여유롭고 평온해진다. 달콤한 휴식을 취하며 체코 모라비아 여행을 마친다.

1842년 창단된 빈필하모닉오케스트라는 오랜 역사와 최정상의 연주로 오스트리아의 자존심으로 불린다. 〈푸른 도나우 강〉을 작곡한 요한 스트라우스 2세는 오스트리아의 민속음악 정도였던 왈츠를 세계의 음악으로 끌어올렸다. 베토벤을 비롯해 최고의 음악가들을 지원한합스부르크 왕가의 품격이 살아 있는 오스트리아 빈으로 떠나보자.

거장의
숨결을 느끼다

오스트리아 빈 · 잘츠부르크

천재 모차르트의
초라한 장례식

이탈리아, 헝가리, 독일 등에 접해 있는 오스트리아의 수도 빈은 도나우 강을 사이에 두고 넓은 평원에 자리 잡고 있다. 도나우 강 동편의 구시가지에는 중세도시의 아름다움과 합스부르크 왕가의 위엄을 풍긴다. 합스부르크 왕가는 오랜 기간 유럽 전체에 막강한 영향력을 행사했던 왕실 가문이었다. 빈은 하이든, 모차르트, 베토벤 등 최고의 음악가들을 배출한 도시이며 구스타프 클림트 Gustav Klimt와 에곤 실레Egon Schiele 등 세기의 화가들을 길러낸 문화 중심지이기도 하다.

시민들의 자긍심도 대단해서 거리에서 만난 한 시민은 시내 자체가 꿈속에 나오는 도시 같다고 한다. 산책하기도 좋고 휴식을 취하기도 좋고 박물관도 많고 다양한 문화 체험을 할 수 있기 때문이다. 매번 새로운 전시와 공연을 관람할 수 있다.

빈 Wien
(영어명 Vienna)

합스부르크 제국의 옛 수도로 오스트리아의 수도
인구: 약 173만 1,300명
면적: 414.6km²

슈테판 대성당

　오스트리아에서 가장 멋진 고딕 건물로 꼽히는 것은 슈테판 대성당
이다. 빈필하모닉과 함께 오스트리아를 대표하는 빈소년합창단이 미
사 때 노래하는 곳이다. 하이든과 슈베르트도 그 단원이었다. 한때 베
토벤도 합창단 반주를 맡았고 모차르트는 지휘를 하기도 했다.

　서른다섯 살에 요절한 모차르트의 장례식이 바로 슈테판 대성당에
서 치러졌다. 그의 장례식은 너무도 초라했다. 죽은 다음 날이 바로 장
례식이었고 아내와 두 아들 그리고 친구들 몇 명만 참석했다. 모차르
트의 영구마차가 있었던 곳은 현재 관광객을 위한 마차들의 대기 장소
로 쓰이고 있다. 영구마차는 슈테판 대성당에서 약 5km 거리에 있는
성마르크스 묘지까지 달렸다. 영구마차가 들어가자 묘지의 문이 닫히
고 가족은 들어갈 수 없었다. 여러 명의 시신을 하나의 묘지에 묻는
모습은 차마 보일 수 없었을 것이다. 묻히는 모습을 본 사람이 없어 정

　　　　　　　　　　　　　　　　　　　　　　　동유럽 속으로

확한 위치는 알지 못한다. 세월이 흐른 뒤에 매장이 추정되는 곳에 묘지를 만들었다.

모차르트기념관을 찾아가보았다. 오페라 〈피가로의 결혼〉을 이 집에서 작곡하였다 하여 '피가로하우스'라 불린다. 모차르트는 25세에 빈에 와서 죽는 날까지 살았다. 피가로하우스 직원의 말에 따르면 모차르트는 13번 이사를 했고 10년 동안 14개의 집에서 살았다고 한다. 2년 반 동안 살았던 이곳이 가장 오래 머물렀던 집이다. 당시의 빈 사진이 벽에 걸려 있었다.

슈베르트나 베토벤, 하이든 같은 다른 작곡가들은 오선지에 그려가며 작곡을 해서 자연스레 악보에 고친 흔적이 남아 있는데, 모차르트의 악보에는 그런 흔적이 없었다. 이미 머릿속에 모든 파트를 다 생각해놓고 그대로 악보에 옮겨 그리기만 했는데도 완벽했던 것이다.

모차르트의 사생활을 엿볼 수 있는 전시실도 있다. 스물여섯 살에 결혼해 여섯 명의 자녀를 낳았으나 아들 둘만 장성했다. 돈도 많이 벌

모차르트의 장례식을 치른 슈테판 대성당의 장례식장

빈에서 생을 마감한 모차르트

었다. 하지만 부부 모두 생활의 절제가 부족했다. 카드놀이로 많은 돈을 잃기도 해서 말년의 생활은 매우 궁핍했다. 모차르트의 오페라가 귀족들을 풍자하는 내용의 작품이었는데, 당시에는 곡을 써달라고 의뢰하는 사람들이 바로 그 귀족들이었다. 빈의 귀족들은 자신들을 웃음거리로 만드는 모차르트에게 더 이상 곡을 부탁하지 않았다.

베토벤이나 슈베르트의 음악은 순탄치 않았던 인생이 음악에 배어 있어 적당히 무겁고 때론 격정적이다. 그러나 모차르트의 음악은 언제나 기쁨이 넘치고 밝고 평안하다.

베토벤의
산책로와 단골집

빈에서 약 1시간 정도 거리에 있는 바하우 계곡의 마을들은 아름답기로 유명하다. 뒤른슈타인 마을을 비롯한 중세 도시와 고성, 수도원 등이 도나우 강과 어우러져 있다. 약 36km 구간이 유네스코 세계문화유산으로 지정되어 있다.

빈이 음악의 중심임을 확인시켜준 음악가는 베토벤이다. 그의 기념관 '파스콸라티하우스'는 집주인의 이름에서 따온 것이다. 22세 때 빈에 온 베토벤도 이사를 많이 다녔다. 성격이 원만하지 못해 집주인과의 불화가 잦았던 탓이다. 그러나 집주인은 베토벤을 이해하고 배려했다. 8년 동안 이 집에 살며 〈운명 교향곡〉을 비롯해 4곡의 교향곡과 가곡 〈피델리오〉 등을 작곡했다.

베토벤은 귓병을 비롯해 간경화, 폐질환, 우울증 등 평생 병마와 싸웠다. 31세 땐 청력이 급격히 떨어져 하일리겐슈타트로 요양을 왔다. 당시에는 한적한 농촌에 온천이 있는 휴양촌이었다. 그가 살았던 집엔 당시 이 마을의 풍경화와 베토벤의 장례식을 그린 그림 등이 전시돼 있다.

베토벤은 귓병이 더욱 악화되고 성당의 종소리마저 들을 수 없게 되자 자살을 결심하고 두 동생 앞으로 유서를 썼다. 유서의 내용은 자신의 원만치 못한 성격에 대한 해명이 대부분이었다. 유산 목록도 만들어 모두 돈으로 환산해놓았다. 당시 종소리를 울렸을 하일리겐슈타트 성당은 그의 방에서도 보일 정도로 꽤 가까이 있었다.

호이리게 포도주 집   베토벤 흉상

베토벤이 휴양했던 곳 주변은 아직도 포도밭이 많다. '호이리게(그해
에 나온 새 포도주라는 뜻)' 간판이 걸린 포도주 집도 여럿 있다. 햇포도
주가 나오면 집 입구나 문설주에 소나무 가지를 내다건다는데 지나며
보니 각 집마다 소나무 가지가 걸려 있다.

주변에 베토벤이 걸었던 산책로도 잘 보존돼 있다. 베토벤은 산책을
즐겼고 산책을 하면서 곡을 구상했다고 한다. 이 산책로에서 〈전원 교

베토벤의 산책로

향곡〉이 탄생했다. 그는 자살을 결심할 만큼 힘든 상황에서도 평온한 곡을 만들었다. 산책 중 쉬던 곳엔 그의 흉상이 있다.

베토벤이 자주 들렀다는 호이리게 포도주 집을 찾아가보았다. 그가 살았던 집 바로 옆이다. 가게 곳곳에 베토벤이 있다. 이곳에선 손님이 직접 음식이나 안주를 고른다. 간단히 식사도 겸할 수 있지만 오스트리아 전통식품 안주도 많다. 자신이 고른 안주를 홀로 가져와 포도주를 주문하면 된다. 베토벤 덕분에 포도주 집엔 언제나 손님이 많다.

유럽 최초의 식물원과 동물원을 만든 슈테판 공작

빈 외곽에 있는 쇤브룬 궁전으로 향했다. 여섯 살의 모차르트가 피아노를 연주했던 곳이다. 이곳으로 모차르트를 부른 황제는 마리아 테레지아였다. 합스부르크 왕가의 유일한 여황제로 남편 프란츠 슈테판과의 사랑 이야기로도 유명하다. 마리아 테레지

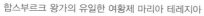

합스부르크 왕가의 유일한 여황제 마리아 테레지아

쇤브룬 궁전 정원 언덕에 세워진 개선문, 글로리에테

아는 빈에 유학하고 있던 프랑스 공작 슈테판과 19세 때 결혼했다. 그는 유럽 최고의 미남으로 소문나 있었고 마리아 역시 유럽 왕실 제일의 미녀공주였다.

공주가 23세에 여황제로 즉위하자 슈테판은 애써 정치에 무관심했다. 정원을 가꾸거나 수석원을 만드는 등 왕궁을 가꾸는 일에 열중했다. 쇤브룬 궁전 안에 있는 왕궁 식물원도 슈테판이 처음 만들었다. 당시로선 식물원은 물론이고 유리로 대형 온실을 만드는 것이 처음 있는 일이었다. 지금의 식물원은 세계 최대 규모의 온실로 1880년 오스트리아의 마지막 황제인 프란츠 요제프 황제 때 다시 만든 것이다. 한해 6만~8만 명이 식물원을 찾는다.

처음에 만들 때부터 일반인 개방을 염두에 두고 지었다고 한다. 왕

동유럽 속으로

쇤브룬 궁전 안 왕궁 동물원

궁 안에 유럽 최초로 동물원도 만들었다.

　이런 일에 열중하며 정치에 무관심한 척하는 남편에게 마리아 테레지아는 매우 순종적이었다. 부부간의 금슬도 좋아 16명의 자녀를 낳았고(프랑스 루이 16세의 비 마리 앙투아네트가 그들의 막내딸) 슈테판이 먼저 죽자 그녀는 16년 동안 상복을 벗지 않았다.

　호프부르크 궁에 있는 마리아 테레지아의 동상을 찾아갔다. 이곳은 쇤브룬 궁전에서 7km가량 떨어져 있는 합스부르크 왕가의 궁전이다. 그녀는 오스트리아의 여제로서 18세기 유럽 격동기를 슬기롭게 이겨낸 강인하고 뛰어난 정치력을 지닌 위대한 인물이었다.

소금의 성이란 뜻의
잘츠부르크

모차르트의 어린 시절을 보기 위해 잘츠부르크로 향했다. 빈에서 약 300km 거리에 있으며 여름철 열리는 모차르트음악제로 더 유명한 도시다.

모차르트 탄생 100주년을 기념하기 위해 세운 모차르트의 동상은 구시가지 한복판에 있다. 동상 개막식에 모차르트의 두 아들이 참석했고 음악가였던 둘째가 축하 연주를 했다고 한다. 모차르트가 태어난 집을 찾아가보았다. 모차르트는 이곳에서 열일곱 살까지 살았다. 부자 상인이 공짜로 집을 쓰게 해준 것을 보면 아버지 레오폴드도 유명한 음악가였던 것 같다. 바이올린 연주자였던 레오폴드는 아들에게 모든 것을 걸었던 다소 극성스러운 아버지였다. 생가에는 모차르트가 연주하던 바이올린과 피아노 등이 전시돼 있고 생전에

잘츠부르크 Salzburg

중세 바로크 양식의 건축물과 아름다운 자연을 간직한 곳, 소금 산지로 유명함

인구: 14만 6,631명

면적: 65.7km²

모차르트의 생가

그려진 성인 모차르트의 유일한 초상화가 벽에 걸려 있다.

　잘자흐 강을 사이에 두고 양편에 시가지를 이룬 잘츠부르크는 모차르트가 살던 시절 가톨릭의 대주교가 최고 통치자였다. 중세 이후 유럽에서는 성직자가 영주를 겸하는 경우가 흔했다. 가장 높은 언덕에 대주교의 성인 호엔잘츠부르크 성이 있고 바로 아래가 잘츠부르크 대성당이다. 당시의 음악은 성당을 중심으로 이루어졌고 모차르트 부자도 예외가 아니었다. 미사 때 왼쪽 발코니에서는 아버지가 바이올린을 연주하고 모차르트는 오른쪽에서 파이프 오르간을 연주하였다. 대주교가 참석하는 날에는 중앙의 대형 오르간을 연주했다.

　대주교의 별궁이라 할 수 있는 미라벨 궁을 찾았다. 17세기 초 볼프 디트리히라는 대주교가 그의 애인을 위해 지은 궁전이다. 그는 독일 출신의 애인 사이에서 15명의 자녀를 두었다. 미라벨 궁의 진짜 아름다

미라벨 궁전의 정원

움은 정원에 있다. 장미정원을 비롯해 여러 구역으로 나뉜 정원에 다양한 조각들까지 있어 아름다움을 더한다. 이곳은 잘츠부르크 배경의 뮤지컬 〈사운드 오브 뮤직〉의 촬영지이기도 하다.

소금의 성이란 뜻의 잘츠부르크는 이름처럼 소금 생산으로 발전해온 도시다. 시내에서 가장 가까운 잘츠웰텐 소금광산을 찾아갔다. 지금도 암염을 채굴 중인 이 광산에서는 갱도 일부를 관광객에게 개방하고

잘츠부르크 대성당

잘츠웰텐 소금광산 내부

있었다. 총길이 130km가 넘는 갱도가 거미줄처럼 얽혀 있다. 서울에서 대전까지의 거리다.

땅속에서 독일의 국경도 넘나든다. 광산에서 소금을 캐온 역사는 3천여 년 전으로 거슬러 올라가지만 언제부턴가 채굴은 중단되어 산속에 방치돼 있었다고 한다. 8세기에 다시 채굴을 시작해 암염이 유럽 전역에 팔리면서 잘츠부르크는 유럽에서 가장 번영한 도시 중 하나가 되었다.

소금길을 따라가다보니 갱도는 위아래로도 거미줄처럼 뚫려 있다. 군데군데 마련된 넓은 공간에는 광산의 어제와 오늘을 전시해놓았다. 합스부르크 왕가의 문장과 대주교의 초상도 보였는데 이것은 광산의 소유권과 관련돼 있다. 소금광산의 주인은 대주교였고 광산에 대한 모든 이익을 독점했다. 경우에 따라서 다른 교회에 위탁해 운영을 했다.

세계에서 가장 오래된
소금광산

　　　　　　잘츠부르크 인근의 소금광산은 모두 7개다. 가장 아름다운 광산도시 할슈타트의 소금광산을 찾아갔다. 가는 길에 할슈타트 호수가 눈에 들어왔다. 잘츠부르크는 알프스산맥 기슭에 자리잡아 주변에 크고 작은 호수가 많다.

　호수 건너편이 소금광산으로 만들어진 도시 할슈타트다. 기원전 1만 2천 년 전에 이미 마을이 있었다 하니 그때부터 소금이 생산되었던 것 같다. 세계 최초의 소금광산으로 큰 번영을 누렸으나 주변에 다른 광산들이 개발되면서 도시의 규모도 점점 축소되었다고 한다. 300명 이상이던 광부도 지금은 30여 명만 남아 있다.

　마을에서 제일 높은 곳에 있는 교회를 찾아가보았다. 앞마당은 묘지다. 묘지의 크기도 작지만 100여 개도 안 된다. 묘지를 쓸 수 있는 땅

소금광산 도시 할슈타트와 할슈타트 호수

이 절대적으로 부족하다보니 매장 후 어느 정도 시간이 지나면 다시 파서 별도의 공간에 유골을 안치했다. 묘지를 만들 땅이 없는 곳의 궁여지책이었을 것이다.

할슈타트는 전 세계에서 가장 오래된 소금광산이다. 3천여 년 전부터 켈트족이 소금을 채굴하기 시작했다. 하지만 그건 할슈타트 광산 역사의 일부분에 불과하다. 이곳엔 7천 년 전부터 사람들이 살았고 소금을 먹었으니 말이다. 소금광산의 역사에 대해 이야기해준 할아버지는 그 증거를 보여준다며 지하실로 안내했다. 지하는 작은 유적 발굴 현장이며 박물관이었다. 10여 년 전 보일러 설치를 위해 지하실을 파다가 발견했다고 한다. 이곳에서 출토된 것과 주변 광산을 다니며 모은 유물들이 많이 전시되어 있다. 평범한 가게 주인이었던 할아버지는 이제 공부도 많이 해서 역사 전문가가 되어 있었다.

할아버지가 알려준 최고의 비경이 있는 곳으로 갔다. 잘츠부르크 동

동유럽 속으로

다흐슈타인 산

부는 오스트리아에서 가장 아름다운 지역 중 하나다. 70여 개의 호수
와 해발 2,995m의 다흐슈타인 산이 있다. 지붕산이란 뜻으로 호수와
어우러져 또 하나의 알프스 비경을 만들어낸다.

황제가 찾았던
32대째 전통 식당

　　　　　　　　오스트리아에서 가장 오래된 음식점을 찾아
갔다. 잘츠부르크 시내에서 8km 정도 떨어진 농촌 엘릭스하우젠 마을
에 있었다. 겉으론 특별한 것이 없어 보이지만 1334년에 시작해 이곳
에서 32대째 식당을 운영해온 유서 깊은 곳이었다. 최근에는 숙박시설
을 겸하는 곳으로 증개축해 호텔도 운영하고 있었다.

곳곳에 음식점을 크게 키웠던 조상들의 사진과 초상화 등이 걸려

엘릭스하우젠의 오래된 식당 대표 요리와 식당 내부

있다. 이곳을 찾았던 유명 손님들 사진도 있다. 오스트리아의 마지막 황제 프란츠 요제프도 두 번 왔었다고 한다. 이 음식점은 680년 전 돼지를 기르던 조상이 처음 시작했다. 32대손인 식당 주인은 직접 농사를 짓고 소나 돼지 등의 가축을 기르며 정육점을 함께 운영한다고 말했다. 농장에서 손님의 접시까지 신선한 음식을 제공하고 있다는 자부심이 엿보였다. 지난 700년 동안 최고의 유기농 제품을 제공한 일을 뿌듯하게 여기는 듯했다. 주방에서는 10여 명의 요리사가 바쁘게 움직이고 있었다. 특별한 손님이 올 때는 주인이 직접 요리한다.

지금 교회가 있는 곳이 예전엔 묘지였는데 식당 주인의 할아버지가 그곳에 미사를 올릴 수 있는 성당을 지어 마을에 기증했다고 한다. 결혼식, 세례식 등 교회 행사가 많은 덕분에 오히려 식당이 번창하게 되었다고 한다.

요들송의 발상지
티롤 지방

　　　　오스트리아는 클래식 음악의 중심지이기도 하지만 왈츠와 요들송의 발상지이도 하다. 요들이 생겨난 티롤 지방을 찾아갔다. 잘츠부르크에서 200km 정도 거리에 티롤 주의 중심도시 인스부르크가 있다. 도나우 강의 지류인 인^{Inn} 강 양편에 자리 잡은 인스부르크는 독일, 이탈리아, 스위스 등을 이어주는 교역로로 예부터 무역이 발달했다.

　합스부르크 왕가는 아름다운 자연풍경과 함께 사냥, 낚시 등을 즐길 수 있는 인스부르크에 별궁을 지었다. 도시 중심에 '황금지붕'이 돋보이는 인스부르크 왕궁이 자리 잡고 있다. 왕가의 권위를 과시하기 위해 지붕의 일부를 금으로 만든 것이다.

인스부르크 왕궁의 황금지붕

호크후겐 마을

　목동들이 소를 불러모으기 위해 불렀던 노래 요들송이 탄생한 티롤의 산간마을로 이동했다. 알프스 산맥 깊숙한 계곡에 자리 잡은 호크후겐 마을에는 농경지가 없다. 산기슭을 깎아 목초지를 만들고 말이나 소를 기른다. 서른 마리 정도의 젖소를 기르는 한 농가를 찾아갔다. 소들이 목초지에서 베어 말린 건초를 먹고 있었다. 이곳에서는 소들에게 사료는 거의 먹이지 않는다고 했다. 배설물이 묻지 않도록 소의 꼬리를 묶은 모습이 재밌어 보였다.

　젖소들은 체계적으로 관리되고 있었다. 가장 신경을 많이 쓰는 점은 소들의 먹이다. 우유 생산량은 축산기술과 직결되어 있어서 국가의 관리를 받는다. 공무원들은 정기적으로 농가에 방문해 소의 건강과 우유 생산량 등 여러 가지를 자문해준다. 소에게 먹이는 풀은 벤 시기에 따라 이름과 영양분이 달라지는데 그 비율이 우유 생산량을 좌우하

　　　　　　　　　　　　　　　동유럽 속으로

티롤 민속보존회의 공연

는 비결이라고 한다. 이야기 끝에 요즘도 요들을 부르는 사람이 있는지
조심스럽게 물어보았다. 그는 웃으며 이젠 아무도 부르지 않는다고 대
답했다.

　시대가 변하면서 요들은 이제 산촌 사람들의 노래가 아닌 무대공연
으로 바뀌어 있었다. 티롤의 민속보존회가 마련한 조촐한 공연을 볼
수 있는 기회를 얻었다. 10여 명의 회원들이 티롤 지방에 전해 내려오
는 여러 악기와 요들을 부르고 민속춤을 추는 모습이 흥겨워 보였다.
이젠 사람들에게 불리지 않는다는 말이 큰 아쉬움으로 남았다.

아드리아 해를 사이에 두고 이탈리아와 마주보고 있는 크로아티아는
유럽 귀족들의 숨은 휴양지로 명성이 자자했던 곳이다. 오래된 도시
골목마다 볼거리가 가득하고 동심으로 돌아간 여행객들은 자연이 준
선물을 마음껏 즐긴다. 유럽 속의 아주 특별한 유럽, 크로아티아로 푸
른 여행을 떠나보자.

풍경보다
아름다운 블루

크로아티아 풀라 외

로마의 흔적을 품은
친절한 마을

크로아티아에서는 풀라를 첫 여행지로 정했다. 아드리아 해를 사이에 두고 이탈리아와 마주하는 크로아티아는 사회주의 국가였던 유고슬로비아에서 1991년 분리 독립했다. 독립 이후에야 그동안 잘 보존돼 있던 역사적인 유물들과 자연환경이 세상에 알려지게 됐다. 특히 크로아티아 곳곳에는 고대 로마시대의 모습들이 생생히 남아 있다.

이스트리아 반도 끝에 있는 풀라는 3천 년 전 고대 로마를 고스란히 품고 있다. 풀라의 도심은 같은 시기 지어진 로마와 구조가 거의 같은데, 세르기우스 개선문을 지나서 걷다보면 고대 로마시대의 광장인 포룸에 다다른다. 포룸에는 또 하나의 로마시대 상징물 아우구스투스 사원이 있다. 소중한 역사의 현장인 만큼 수학여행을 온 학생들의 야외

풀라 Pula

수려한 자연을 간직한 도시로 포도주 양조업과 어업이 발달
인구: 5만 7,460명
면적: 51.65km²

풀라의 원형경기장

수업이 한창이다. 기원전 2세기에 지어진 사원은 원래 다른 신을 모시기 위해 지어졌는데, 이후에 로마 최초의 황제 아우구스투스에게 바쳐졌다. 황제가 죽고 난 이후에는 성당과 곡물창고 등으로 쓰이다가 19세기 초에 석조 유물들을 전시하는 박물관이 됐다고 한다.

풀라를 떠나 이스트리아 반도 내륙의 작은 마을 모토분으로 향했다. 가는 내내 올리브와 포도밭이 길게 이어졌다. 포도밭 너머, 산꼭대기에 자리 잡은 모토분은 애니메이션 〈천공의 성 라퓨타〉의 모델이 되기도 한 동화 같은 마을이다. 하늘엔 알록달록 패러글라이딩이 한창이다. 이제 막 비행을 준비하는 사람의 도움을 받아 직접 모토분의 하늘을 날아보기로 했다. 지금까지 모토분의 이러저런 풍경을 사진으로 많이 봐왔지만 하늘 위에서 내려다본 풍경들은 어디에서도 보지 못한

동유럽 속으로

하늘에서 내려다본 모토분 마을

상상을 뛰어넘는 장면이었다. 벅차오르는 기쁨에 한없이 행복해졌다. 모토분은 유럽에서도 가장 에너지가 많은 곳이다. 그 에너지가 모토분 언덕 위로 모여 탑으로 분출되는 느낌이다.

모토분은 아름다운 모습과 달리 잦은 전쟁의 기억을 안고 있다. 마을 꼭대기 종루의 시계는 이미 멈춰 있었다. 어떤 청년은 95세에 돌아가신 자신의 증조할머니 이야기를 들려주었는데, 할머니는 한 번도 모토분을 떠난 적이 없었지만 여섯 나라에서 산 느낌이라고 말씀하셨다고 한다. 그만큼 이 마을 사람들은 힘든 세월을 살았다.

전쟁이 지나간 산꼭대기 마을에는 현재 약 1,500명의 주민들이 옹기종기 살아가고 있다. 종루에서 내려오는 골목에 갤러리 표시가 있어 발걸음을 재촉했는데, 기대와 달리 기념품을 파는 작은 상점이었다. 그런

모토분을 상징하는 나무 조각품들

데 다른 곳의 기념품과 분위기가 사뭇 달랐다. 마을을 닮은 소박하고 아기자기한 물건들이었다. 다른 골목에 이르자 조각가 할아버지가 나무에 조각을 하고 있다. 기념으로 모토분을 조각한 작품 하나를 골랐다. 할아버지께 'KBS 걸어서 세계속으로'라고 조각을 해달라는 엉뚱한 부탁을 드렸다. 처음 보는 한글에 난감해하신다. 결국 뒷면에 글씨를 다시 써드리니 조각을 해주셨다. 제 실력을 발휘하신 할아버지 덕분에 좋은 추억거리 하나가 생겼다.

모토분 오는 길에 포도밭이 참 많구나 싶었는데 역시나 마을 골목에 와인을 파는 상점이 즐비하다. 모토분은 유럽에서도 꽤 유명한 와인 산지다. 모토분을 비롯한 이스트리아 반도에는 고대 페니키아인과 그리스인들이 처음 포도를 들여와 심었는데, 온화한 기후와 붉은 흙

　　　　　　　　　　　　　　　　　동유럽 속으로

모토분 카페

테라로사 덕분에 포도가 잘 자라고 훌륭한 와인을 생산하는 마을이
되었다. 초여름 포도밭에는 꽃이 햇빛을 적당히 받아 열매가 잘 자랄
수 있도록 포도나무 잎을 솎아내는 작업이 한창이다. 천혜의 자연조건
과 사람의 정성이 만나 모토분에선 최고의 와인이 생산되고 있었다.

　해질녘 모토분의 카페에는 관광객들과 주민들이 하나 둘씩 모여든
다. 친절한 마을 주민이 아름다운 풍경을 보여주겠다며 따라오라고 했
다. 어느새 뉘엿뉘엿한 햇살이 오늘의 마지막 풍경을 선사하고 있었다.
해는 매일매일 저무는데, 오랜만에 해지는 풍경을 지켜보는 모토분에
서의 저녁이 흐뭇하기만 하다.

크로아티아

계단처럼 흘러내리는
92개 폭포

　　　　　　이스트리아 반도 여행을 마치고 발길을 동쪽
으로 돌린다. 유럽 최고의 경관을 자랑하는 플리트비체다. 플리트비체
국립공원 입구에 설치된 안내판을 보니 규모가 어마어마하다. 한쪽에
는 국립공원을 관람하는 다양한 코스가 표시돼 있는데, 무려 여덟 개
의 코스가 있다. 칸칸이 연결된 차를 타고 플리트비체 입구로 이동하
면, 그 다음부터는 도보 트레킹이다.

　걸은 지 채 5분도 되지 않아 에메랄드 빛의 물줄기가 보이더니 곧이
어 전망대에 도착했다. 플리트비체 국립공원을 대표하는 풍경들이 눈
앞에 펼쳐진다. 짙은 녹음과 물빛, 그리고 시원한 물소리가 어우러진
웅장함에 어느새 마음이 겸손해진다. 1979년 유네스코 세계자연유산
으로 지정된 플리트비체에는 16개의 크고 작은 호수와 계단처럼 흘러

플리트비체 호수의 나무 다리

내리는 92개의 폭포가 있다. 사람들이 모여 있는 장소는 어김없이 경관이 빼어난 곳이다. 사진이 예쁘게 찍히는 장소에는 줄을 서서 기다려야 한다. 다리 위에 사람들이 무언가를 내려다보는데 놀랍게도 팔뚝만한 물고기들이 줄을 세워놓은 것처럼 헤엄치고 있다.

국립공원 측에 협조를 얻어 수중촬영을 해보기로 했다. 다리 밑 모래바닥에 카메라를 설치해 흐르는 강물 너머로 파란 하늘을 담아보고 싶었다. 헤엄치는 고기들 너머로 사람들과 파란 하늘이 보인다. 플리트비체에서는 지도를 보는 사람들을 자주 만날 수 있는데, 지도 없이는 쉽게 길을 잃어버리기 때문이다.

플리트비체 호수에서 유일하게 유람선을 탈 수 있는 선착장에 도착했다. 유람선을 타면 호수 반대편, 플리트비체 상류로 갈 수 있다. 호수로 떨어지는 수많은 폭포를 감상하다 보면 어느새 상류 쪽 선착장에 도착한다.

플리트비체 호수의 상류

　플리트비체 상류는 아래와 분위기가 조금 다른데, 원시림이 그대로 보존돼 있는 듯하다. 풍파를 견디지 못해 쓰러진 나무들이 치워지지 않은 채 여기저기 물속에 그대로 있다. 나무에 칼슘 성분과 조류, 풀들이 달라붙어 갈색으로 변하는데 오랜 시간이 지나면 또 다른 폭포가 생긴다고 한다. 물속에 포함된 탄산칼슘이 석회 침전물을 만들고 이렇게 쓰러진 나무들과 결합돼 오랜 시간이 흐르면 자연적인 댐이 만들어지는 것이다.

　플리트비체 국립공원에서는 자연을 보존하기 위해서 나무를 특별하게 관리한다. 겨울이 되어 나무가 쓰러지면 보행로를 덮는 부분만 잘라내고 나머지는 그대로 둔다. 자연을 지키는 또 하나의 방법은 땅 위에 나뭇길을 설치하는 것인데, 지나다니는 사람들로부터 땅과 식물을

동유럽 속으로

플리트비체 폭포

모두 보호하기 위해서다. 사람의 손길은 최소화하고 자연의 리듬을 그
대로 유지시키는 관리방법이 아름다운 호수와 숲을 보존하는 유일한
길이라고 한다.

기원전 3세기에
생긴 역사도시

플리트비체를 뒤로하고 아드리아 해로 향했다. 서쪽의 험준한 바위산을 넘어야 비로소 푸른 바다를 볼 수 있다. 첫 번째로 만난 도시는 트로기르. 먼저 도시의 중심에 있는 종루를 찾아 올라가보았다. 좁은 계단을 통과하기가 조금은 힘들었는데 올라와서 내려다보니 생각보다 꽤 높다. 유네스코 세계문화유산 역사도시로 지정된 트로기르의 아담한 모습이 한눈에 들어온다.

트로기르는 기원전 3세기에 만들어진 도시인데 그리스, 로마, 베네치아 등 다양한 문화의 영향을 받으며 지금의 모습을 갖췄다.

트로기르의 골목을 걷다보면 유쾌한 광경을 종종 볼 수 있다. 그중 하나가 빨래를 너는 장면이다. 크로아티아 사람들은 빨래 널기를 특별히 '테라물라'라고 부른다. 빨래건

트로기르 Trogir

아드리아 해의 항구도시이자 중세의 모습을 간직한 역사도시
인구: 1만 3,260명
면적: 64km²

집과 집 사이를 연결한 빨랫줄

조기를 사용하지 않는 집도 있다. 집과 집 사이의 간격이 워낙 좁아서 집 사이에 줄을 연결해 빨래를 넌다. '테라물라'는 테라와 물라의 합성어로 테라는 '당기다', 물라는 '놓다'라는 뜻이다. 줄이 양쪽 집 테라스 난간에 각각 묶인 것이 아니라 잡아당기면 빙빙 돌아가듯 두 집 난간에 걸쳐져 연결되어 있기 때문에 크로아티아인들은 빨래를 널 때 한 줄을 당기면서 다른 줄을 놓는 것을 반복한다.

한창 빨래를 널고 있던 마음씨 좋은 아주머니의 초대로 집안으로 들어갔다. 트로기르에 500년을 넘게 살았다는 시댁 식구들의 사진이 걸려 있다. 덕분에 트로기르의 옛 사진들을 감상할 수 있었다. 아주머니의 마지막 선물은 빨래 거는 모습 보여주기였다. 아이들의 알록달록한 옷을 걷는 행복한 모습을 보며 아주머니와 작별했다.

트로기르 도시 전경

어느덧 저녁임을 알리는 종소리가 들린다. 바다로 나갔던 요트들도 항구로 돌아오고 오래된 성곽 뒤로 저녁 해가 걸린다. 성곽의 안쪽에서는 종종 음악회가 열린다고 하는데 직접 보지 않아도 운치가 느껴지는 것 같았다. 망루 위로 올라가면 트로기르의 저녁 풍경을 한눈에 담을 수 있다. 호수 같이 잔잔한 바다에 살며시 내려앉은 붉은 빛. 오늘도 고요하게 밤이 찾아든다.

아침 일찍 어시장을 찾았는데, 푸른 바다가 여행 내내 펼쳐지는 곳이라 꼭 한 번은 구경하고 싶었다. 시장이 그리 크지는 않았지만, 꽤 다양한 생선들이 진열돼 있었다. 크로아티아 사람들은 생선을 무척 좋아한다. 우리네 시장풍경과 별반 차이가 없어 보인다. 덤을 잊지 않는 넉넉함도 닮았다. 관광객들이 찾는 식당에서는 커다란 쟁반에 요리할 해

크로아티아 해산물 요리

산물들을 담아서 손님들에게 직접 보여준다. 골드배스와 농어가 인기
있는 생선이라고 소개한다. 매니저의 도움을 받아 주방 안을 구경했다.
이탈리아식 가재요리는 마늘과 가재를 볶다가 파슬리와 와인, 그리고
토마토소스를 넣고 끓이면 완성된다. 깨끗하게 손질한 농어는 소금으
로만 간을 하고 화로에 굽는데, 중간 중간에 올리브유를 뿌려준다. 이
국적이면서도 우리 입맛에 잘 맞는 크로아티아 해산물 요리가 한상
푸짐하게 차려졌다.

로마를 버리고
황제가 선택한 도시

　　　　　　　트로기르에서 남쪽으로 30분 정도 내려가면
크로아티아 제2의 도시 스플리트를 만난다. 아드리아의 맹주라고 불릴
만큼 역사가 깊은 항구도시다.

　　　　　　　　　　　　　　　　　　　　동유럽 속으로

로마의 황제 디오클레티아누스는 스플리트의 아름다움에 반해 로마를 버리고 여생을 이곳 스플리트에서 보냈다. 295년부터 10년에 걸쳐 건설된 도시 곳곳에는 원형을 그대로 보존한 채 카페가 들어서 있고, 로마군 복장을 한 청년들이 관광객들과 다정스럽게 사진 포즈를 취한다. 골목 어딘가에서 부드러운 음악 소리가 들려 찾아가보니 옛날에는 방어를 위한 목적으로 쓰였을 법한 공간에서 아카펠라 공연이 한창이다. 이 공간이 주는 그윽한 울림과 네 남자의 화음이 아름다운 소리를 만들어냈다.

크로아티아에는 1,185개의 섬이 있는데, 그중 50개 섬에 사람이 살고 있다. 대부분의 섬을 스플리트에서 갈 수 있는데, 가장 유명한 흐바르로 향했다. 쾌속선으로 약 1시간, 크로아티아에서 가장 긴 섬 흐바르에 도착했다. 택시로 10분쯤 올라갔을까? 요새에 올라서니 흐바르가 한눈에 펼쳐진다. 유럽인들이 꼭 가보고 싶어하는 최고의 휴양지답

크로아티아에서 가장 긴 섬 흐바르

게 보이는 풍경마다 영화 속 한 장면 같다. 실제로 샤론 스톤, 브래드 피트, 스티븐 스필버그 감독이 흐바르를 즐겨 찾는다고 한다. 여유로운 해변의 모습이 부럽기만 하다.

흐바르 섬을 나와 다시 아드리아 해를 따라 남쪽으로 향했다. 스플리트에서 30분 정도 거리에 우람한 돌산이 두르고 있는 마을 오미쉬에 도착했다. 이번에는 작은 보트를 타고 바다를 거슬러 계곡으로 향한다. 멀리서 보던 돌산은 가까이에서 보니 더욱 웅장하다. 체티나 강변 한쪽에는 낚시꾼들이 터를 잡았고 다른 한쪽에는 수풀들이 우거져 있다.

오미쉬는 돌산이 많아 암벽등반에 적소로 알려져 있다. 크로아티아 남자들의 강한 이미지를 닮은 우람한 바위에서 암벽등반을 하는 사람들을 만났다. 그중 다부진 몸의 한 남자는 한눈에 봐도 등반 전문가임이 틀림없다. 역시 암벽을 올라가는 솜씨가 남다르다. 암벽을 타면 몸

암벽의 도시 오미쉬

의 근육들을 균형 있게 발달시켜 소위 말하는 몸짱을 만들 수 있다고 하는데, 그보다는 절벽 위에서 내려다보는 아찔한 풍경에 매료되어 산을 오르는 것은 아닐까 생각해본다.

조지 버나드 쇼가 지구상의
천국으로 꼽은 곳

두브로브니크에 가기 위해 남쪽으로 이동한다. 가던 길 중간쯤에서 크로아티아와 국경을 접한 보스니아의 네움 지역을 통과해야 한다. 1991년 유고슬라비아에서 분리 독립될 당시, 지금과 같이 국경이 나뉘었다고 한다. 쉬지 않고 달려 두브로브니크에 도착했다. 크로아티아 여행을 계획한 이유가 바로 황홀한 도시에 꼭 한 번 와보고 싶었기 때문이다.

플라차 거리

영국의 유명한 극작가 조지 버나드 쇼는 "지구상에서 천국을 찾으려거든 두브로브니크로 가라"고 했다. 두브로브니크의 중심 플라차 거리 원래는 수로였는데 지금은 매립해 보행로로 사용한다. 플라차 거리를 중심으로 기념품을 파는 가게들과 카페들이 즐비하게 늘어서 있다. 크고 작은 골목에 가지런하게 널린 빨래들이 주거지임을 말해준다. 관광지답게 주거지임에도 눈길을 끄는 볼거리들도 많다.

두브로브니크의 중심에는 성 블라이세 성당이 있는데, 사람들의 성당에 대한 사랑과 존경심은 무척 특별하다. 외세의 침입이 잦았던 두브로브니크는 잦은 전쟁을 치르면서 도시 전체가 파괴되는 참담한 경험을 많이 했고, 수호성인에게 부디 두브로브니크를 지켜줄 것을 한 마음으로 기도했다고 한다. 그래서인지 도시 곳곳에는 두브로브니크를 들

동유럽 속으로

성벽을 따라 형성된 두브로브니크 마을

고 신께 구원을 요청하는 수호성인을 어렵지 않게 만날 수 있다.

　두브로브니크는 아드리아 해에서 베네치아와 경쟁할 만큼 해상무역이 활발했는데, 해상무역을 통해 축적한 부를 바탕으로 수준 높은 문화를 누렸다. 그중 하나가 유럽에서 3번째로 오래된 약국으로 1317년 유럽 최초로 일반인에게 개방된 이래 지금까지 운영되고 있다.

　두브로브니크는 견고한 고성과 강력한 부를 바탕으로 이슬람인 오스만투르크에 맞서 유럽의 문화를 지켜냈다. 서유럽 국가들은 크로아티아를 두고 유럽문화의 방파제라고 일컫는다. 여행객들에게는 두브르부니크 성벽을 둘러보는 성벽투어가 인기다.

　스폰자 궁에서 1991년 독립전쟁 당시 두브로브니크의 전쟁 사진전을 볼 수 있었다. 전쟁이 시작되었을 때 젊은 사람들은 아무도 믿지 않

크로아티아

크로아티아 전통 민속공연

고 제2차 세계대전을 경험한 노인들만 믿었다고 한다. 그 당시의 전쟁
으로 두브로브니크의 3분의 1이 부서졌다고 하는데, 다행히 유럽 지성
인들의 두브로브니크를 지켜달라는 외침이 큰 반향을 일으켰고 유네
스코의 지원으로 도시는 지금의 모습으로 복원될 수 있었다고 한다.
두브로브니크의 바다가 더 푸르게, 지붕이 더 붉게 느껴지는 것은 아
마도 이런 아픔의 역사를 견뎌냈기 때문일 것이다.

크로아티아의 전통 춤과 음악을 감상할 수 있는 공연장을 찾아갔다.
옛 항구 건물 그대로를 무대로 활용한 공연장이었다. 경쾌한 음악과 재
미있는 추임새 그리고 젊은 남녀가 어우러지는 춤이 인상적이다. 이들의
음악과 춤을 보고 있으니 그동안 여행에서 만난 밝고 상냥한 크로아티
아 사람들이 떠오른다.

　두브로브니크를 한눈에 내려다볼 수 있는 스르즈 산으로 가기 위해 케이블카를 탔다. 누가 담아도 엽서사진이 되는 크로아티아의 풍경이 눈앞에 펼쳐졌다.

　두브로브니크의 견고한 성은 전쟁으로부터 스스로를 지키기 위한 방책이었다. 아픈 역사를 견뎌낸 지금, 이 오래된 도시는 전 세계 사람들 모두가 사랑하는 평화의 상징이 됐다. 아드리아 해로 넘어가는 크로아티아의 일몰은 어디서 감상하든 눈부시게 아름답다. 크로아티아. 가슴이 벅차오르는 그 이름을 영원히 기억하고 싶다.

이탈리아의 비취색 해변과 스위스의 웅장한 산맥, 그리스의 고대도시
를 모두 가진 곳. 강원도보다 작은 면적에 유럽의 모든 것을 담은 알찬
나라. 아름다운 자연과 고풍스러운 중세문화를 간직한 '아드리아 해의
진주' 몬테네그로로 떠난다.

작지만
강렬한 매력

몬테네그로 포드고리차 외

땅과 바다의
아름다운 조우

2006년에 독립국가가 된 몬테네그로는 강원도보다도 작은 면적에 웬만한 도시보다도 적은 인구를 가졌지만, 특유의 국민성과 자연환경으로 활기를 찾아가고 있다. 택시를 잡아타고 포드고리차 시내를 둘러보다 사하트타워 광장이 눈에 들어왔다. 이 광장 한쪽에는 꽃바구니와 꽃다발이 가득하다. 3월 8일 세계여성의 날을 기념해 여성들에게 꽃을 선물하는 것이라고 택시기사가 귀띔한다.

몬테네그로는 국토의 90퍼센트가 산악지역이다. 몬테네그로의 해안으로 가는 길은 가파른 비탈을 내려가기 위해 좁고 굽이져 있다. 굽이마다 번호가 매겨져 있는데 모두 스물다섯 굽이를 돌아야 해안지대에 도착한다. 드디어 성곽으로 둘러싸인 해안

포드고리차
Podgorica
....

몬테네그로의 수도이자
최대 중심지
인구: 15만 6,169명
면적: 1,441km²

코토르 올드타운

도시 코토르에 닿았다. 수십 킬로미터에 이르는 만灣 깊숙이 자리 잡은 코토르는 세계자연유산인 동시에 세계문화유산이다. 코토르 올드타운을 감싸고 있는 길이 4.5km의 성곽은 수많은 외세의 침입과 코토르의 지정학적 중요성을 상징적으로 보여준다.

16세기 베네치아 지배 시절 세워진 성곽 입구에는 옛 유고연방의 지도자였던 요시프 티토Josip Tito가 남긴 말이 새겨져 있다. "우리는 남의 것을 원하지 않고 우리 것을 주지도 않을 것이다." 티토는 그런 체제가 유지되길 원했다. 코토르는 수백 년 동안 이곳을 지배했던 중세 베네치아의 분위기를 풍긴다. 수세기에 걸쳐 건축된 성 루크 성당과 성 니콜라 교회는 코토르의 깊은 역사와 종교적 관용을 보여준다. 9세기에 건립된 성 트리푼 성당은 수차례의 대지진과 화재를 겪으면서 2009년

동유럽 속으로

현재의 모습으로 재건됐다. 신기하게도 성당의 제단만은 809년 건립 당시 그대로 보존돼 있다. 성당 한쪽에는 수백 년 전 성당의 일부분이 었을 석재들이 전시되어 있다.

9세기에 시작해 18세기가 돼서야 건설이 마무리된 코토르 성곽이 보인다. 코토르 여행의 백미는 산 정상의 요새에서 바라보는 코토르 만의 고즈넉한 전경이다. 요새까지는 1,500개의 계단을 올라야 한다. 매년 몬테네그로에는 인구의 두 배가 넘는 관광객이 찾아온다. 성수기 인 여름철 몬테네그로에는 자국민보다 외국인이 더 많은 셈이다.

17세기 오스만 제국의 침입 때 코토르 성의 주민들은 두 달 동안이 나 성을 지켜냈다. 코토르 해안을 병풍처럼 둘러싼 가파른 산들은 코 토르 주민들의 삶에 걸림돌인 동시에 외세로부터의 보호막이었다. 영

국의 시인 바이런이 '땅과 바다의 가장 아름다운 조우'라 경탄했던 코
토르의 전경은 코토르 주민을 위로하기 위한 신의 선물인 듯싶다.

'검은 산' 이라는
뜻의 몬테네그로

코토르 만에서 가장 고요하고 사랑스런 마을
로 알려진 페라스트에 가기 위해 버스를 탔다. 코토르에서 버스로 약
20분 거리에 베네치아의 한 조각이 코토르 만으로 흘러들어온 듯한
모습의 페라스트가 있다. 이곳의 상징은 바다 위에 나란히 떠 있는 아
주 작은 두 개의 섬이다. 스베티 조르제 섬과 고스파 섬이다. 고스파
섬은 관광객들에게 개방돼 있다. 이 섬의 이름 '고스파 오드 스크르펠
라'는 '암초' 또는 '바위의 성모'라는 뜻이다. 원래 작은 암초만 있던 곳

고요한 마을 페라스트

관광객에게 개방되는 고스파 섬

에 선원들이 돌을 날라 만든 인공 섬으로 여기엔 신비한 전설이 있다.

모르테슈치 형제가 밤에 낚시를 끝내고 돌아오는데, 3m² 정도 되는 암초에서 성화를 발견했다. 형제 중 병을 앓고 있던 한 사람이 성화를 만지자 병이 바로 나았다. 감사의 뜻으로 형제는 그것을 가져와 성 니콜라 성당에 보냈는데, 신기하게도 나중에 그 성화가 지금 여기로 되돌아왔다. 그런 일이 세 번이나 일어났다. 성화가 있어야 할 곳은 바로 여기라고 생각한 페라스트의 어부들은 수백 년에 걸쳐 이곳에 돌을 쌓아 섬을 만들고, 또 교회를 세웠다. 17세기에 만들어진 고스파 섬의 성당에는 성모 마리아의 삶을 그린 그림들과 전설 속의 형제가 발견했다는 성화가 모셔져 있다.

선원들의 노력과 소망이 담긴 성당답게 무사 항해를 기원하며 기증한 수천 개의 은판들이 벽면에 장식돼 있다. 전시된 그림들도 모두 험

스베티 조르제 섬

한 바다에 맞서 싸워야 했던 선원들의 절실함을 보여준다. 지금도 7월
이면 마을 청년들이 배로 돌을 날라다 쌓는다.

또 하나의 섬은 작은 수도원이 있는 스베티 조르제 섬이다. 이 섬엔
페라스트를 점령했던 프랑스 군인이 포격 중 사랑하는 여인을 죽이게
되자 죽을 때까지 이곳에서 한평생을 수도사로 살았다는 얘기가 전해
온다. 지금은 아무도 살지 않는다.

코토르 성벽 밑에는 수백 년 동안 이어져온 코토르 재래시장이 있
다. 오랜만에 볕도 나고, 토요일이어선지 제법 사람이 많다. 여느 시장
처럼 상인들은 활기차고 걸걸하다. 몬테네그로 시장에선 생고기를 거
의 볼 수 없다. 고기는 주로 소금에 절여 저장하기 좋게 말린 것들이
다. 아마도 험한 바다와 산악 지역에서의 생활에 유리하기 때문인 것

동유럽 속으로

네고시 2세의 영묘

같다. 치즈를 파는 상인을 만났다. 호밀에 담근 양 치즈와 밀에 담근 염소 치즈를 보여준다. 곡물 속에 3개월 정도 보관하면서 말리는 방법은 몬테네그로의 전통 방식이다. 가게 주인들이 건네는 음식들을 맛보다 보니 출출할 틈이 없다. 풍성한 먹거리만큼이나 넉넉한 인심을 뒤로하고 코토르 만을 떠난다.

몬테네그로의 국부로 불리는 페타르 페트로비치 네고시 2세의 무덤(영묘)이 있는 로브첸 국립공원으로 향했다. 로브첸에는 해발 1,749m의 슈티로브니크와 해발 1,657m의 예제르스키브르흐라는 2개의 인상적인 산봉우리가 있다.

코토르 만에서 불과 1시간 거리지만, 기후는 급격하게 변한다. 며칠 전 이곳에 눈이 많이 내렸다는 얘기를 들었는데 눈으로 아예 길이 막

혔다. 현지 가이드의 도움으로 스노스쿠터를 구했다. 등받이가 없어서 불안감 반 호기심 반 조마조마한 마음으로 스노스쿠터를 탔다. 30분 만에 스쿠터가 멈춰 섰다. 다행인지 불행인지 이제부터는 눈길을 걸어야 한다. 영묘로 가는 길은 1m가 넘는 눈 아래로 모두 사라져버렸다. 30분 정도 눈길을 걸어서 마침내 영묘 입구에 도착했다.

해발 1,660m에 위치한 영묘까지는 다시 461개의 계단을 올라야 한다. 미국인들에게 자유의 여신상이 있다면 몬테네그로 사람들에겐 네고시 2세의 영묘가 있다. 그만큼 몬테네그로인들에겐 존경받는 존재로 몬테네그로의 정체성을 확립한 위대한 철학가이자 시인이며, 정치가였다.

영묘 내부로 들어갔다. 영묘의 천장은 놀랍게도 22만 조각의 순금으로 모자이크 돼 있다. 30톤이 넘는 한 개의 화강암을 깎아 만든 조각상 밑에 네고시 2세가 잠들어 있다. '몬테네그로'는 '검은 산'이라는 이탈리아어에서 유래했다. 산자락에 쌓인 흰 눈이 오히려 몬테네그로를 더욱 검어 보이게 한다.

피곤한 인간,
쉬기 위해 산다

영묘와 가까운 곳에 있는 네구쉬 마을은 네고시 2세가 태어난 곳이지만 염장해 말린 고기 프로슈토와 치즈로 더 유명하다. 영묘의 조각상을 만든 크로아티아의 조각가는 작품의 대가

훈제햄 프로슈토(좌) 얇게 썬 프로슈토와 치즈(우)

로 네구쉬의 프로슈토와 치즈를 원했다고 한다.

농장 아저씨 한 분을 만났다. 프로슈토는 쉽게 말해 훈제한 햄으로 신선한 고기를 15일 정도 소금에 절여 숙성시킨 다음 씻어서 6개월 동안 훈제하며 건조시킨 것이다. 훈제하기에 가장 좋은 계절은 겨울이라고 하니, 지금 파는 프로슈토가 최상품인 셈이다. 수개월 동안 매일 연기를 피워 말린 고기는 독특한 풍미가 더해진다. 코토르 시장의 인심 좋은 상인들처럼 프로슈토의 맛도 보여준다. 언뜻 냉동 삼겹살처럼 보이지만 얇게 썬 프로슈토와 치즈는 최고의 포도주 안주였다!

차로 30분 거리에 있는 부드바에 도착했다. 골목 곳곳에 숨어 있는 갤러리와 카페, 부티크에 눈을 돌리지 않을 자신이 있다면 둘러보는 데 30분이 채 걸리지 않을 만큼 작은 마을이다. 햇빛에 반짝이는 골목은 10세기 이전부터 형성돼온 부드바 올드타운의 오랜 역사를 대변한다. 바닥의 돌과 틈새는 턱이 닳아 평평해졌다. 카페, 약국, 부동산,

10세기 이전에 형성된 부드바 올드타운

치과가 보이는 곳은 주민들의 생활공간이기도 하다.

　일요일 아침. 1804년에 지어진 정교회 건물인 스베티 트로이체 교회에서 예배를 마치고 서로 인사를 나누고 있는 시간, 바로 옆 9세기의 유물을 간직한 가톨릭 성당인 스베티 이반 성당에서도 미사를 마친 신부님이 신자들과 인사를 나눈다. 수백 년 동안 이어져온 주민들의 삶은 오늘도 진행형이다. 도시 속의 요새를 뜻하는 시타델라Citadela는 여름이 되면 국제적인 연극 축제의 무대로 변한다. 아드리아 해의 수평선과 바닷바람을 배경으로 연극을 즐긴다니 직접 보지 못한 것이 못내 아쉽다.

　시타델라에서 바라보는 부드바의 경치는 코토르 만과는 또 다른 아

도시 속 요새를 뜻하는 시타델라

름다움을 선사한다. 부드바에서 멀지 않은 해안가에 언덕이 보인다. 아드리아 해의 수평선과 좁은 모래언덕으로 이어진 고급 휴양지 스베티 스테판이다.

　스베티 스테판을 잇는 모래 언덕 양쪽으로는 두 종류의 해변을 즐길 수 있다. 왼쪽 해변은 붉은색을 띠는 조약돌로 가득하고, 조약돌은 파도에 휩쓸릴 때마다 색이 한층 짙어진다. 반면에 불과 몇 미터밖에 떨어져 있지 않은 오른쪽 해변은 자갈 하나 없는 모래사장이다. 예쁜 미니어처를 닮은 스베티 스테판은 현재 한 민간 기업이 고급 호텔로 운영하고 있다. 몬테네그로에는 이런 말이 있다. "사람은 피곤한 상태로 태어난다. 고로 쉬기 위해 살아간다."

다음날 배를 빌려 보트 투어에 나선다. 항로는 부드바에서 스베티 스테판을 거쳐 배로 한 시간 거리인 페트로바츠까지다. 부드바의 해안 굽이굽이에는 아늑하면서도 때묻지 않은 열일곱 개의 해변이 숨어 있다.

1940년대 말에 고급 휴양지로 변신을 선언한 스베티 스테판은 그후로 유명인들과 부유한 관광객들의 전유물이 됐다. 영화배우 소피아 로렌은 이곳을 처음 찾은 후 40년 동안 해마다 휴가 때 다녀갔다고 한다. 브라질 축구선수 호나우지뉴도 다녀갔다. 참고로 이곳의 하루 숙박비는 최저 200만 원부터 시작된다. 해안을 둘러보다 보니 놀랍게도 배를 대기도 마땅치 않은 바위섬에 교회가 세워져 있다. 난파된 배에서 살아남은 한 그리스 선원이 감사의 마음으로 지은 교회라고 한다. 인구 2만의 소도시 부드바는 매력적인 곳임에 틀림없다.

부유한 관광객들의 휴양지 스베티 스테판

호수가 있어서
감사한 사람들

　　　　　　　　아드리아 해를 벗어나자 새로운 풍경이 여행객을 맞는다. 정교회 최고의 성지 오스트로그 사원에 닿았다. 도니 오스트로그는 '아래에 있는 오스트로그'라는 뜻이다. 교회를 장식하고 있는 정교회의 성화는 우상 배척의 교리를 따르는 동시에 글을 모르는 민중을 위한 포교의 수단으로도 활용됐다고 한다. 하느님의 빛과 영광을 보여주는 후광이 이곳에선 유난히 선명한 듯하다.

　'위에 있는 사원'이라는 뜻의 고르니 오스트로그는 제1사원으로 불린다. 연간 100만 명이 찾는다는 이 사원은 1665년에 건설됐다. 겉모습은 수수하지만 가파른 절벽을 깎아 만든 것이 인상적이다. 국민의 70퍼센트 이상이 정교회 신자인 몬테네그로 사람들에게 수많은 신화와 기적들을 간직한 오스트로그는 사원 이상의 의미를 갖는다. 사원을 세운 바실리예 성인은 치유의 능력을 소유한 청렴한 인물로 알려져 있어 그에게 소망을 비는 신자들의 기도는 더욱 간절하다. 성공의 기원

촛불을 밝히며 기도하는 몬테네그로 사람들

절벽을 깎아 만든 정교회 사원 고르니 오스트로그

이 아닌, 영혼의 휴식을 원하는 몬테네그로 사람들에겐 종교가 곧 생활이다.

다음 여행지는 높은 산들로 둘러싸인 스카다르 호수다. 이 호수는 몬테네그로의 모든 역사와 연관되어 있다. 험준한 지형 때문에 바다로 접근할 수 없었던 사람들은 호수에 감사하며 살았다. 호수의 3분의 2는 몬테네그로, 나머지 3분의 1은 알바니아에 속해 있다.

스카다르 호수 여행은 작은 어촌 리예카 츠로노예비차에서 시작된다. 호수를 보고 싶다고 하자 마을 청년은 "바람이 심해 멀리 못 나간다"고 하면서도 선뜻 배를 내준다. 19세기에 지어진 아담한 다리를 지나 마을 이름과 같은 츠로노예비차 강을 따라 호수로 다가간다.

내륙지방에 신선한 물고기를 제공했던 스카다르 호수는 유럽에서 가장 큰 조류 보호지역이다. 계절에 따라 풍경이 변하면서 1년에 4~5

높은 산으로 둘러싸인 스카다르 호수

번 정도 물길이 바뀐다고 한다. 발칸 지역에서 가장 큰 호수인 스카다르는 그 폭이 44km에 달한다. 계절에 따라 수면의 면적은 30~40퍼센트까지 크게 차이 난다.

작은 유럽에서
밥정을 쌓다

2천m가 넘는 봉우리만 48개, 18개의 아름다운 호수를 품은 세계자연유산 두르미토르로 간다. 두르미토르는 연간 138일 눈이 내리고 4월 초까지도 스키를 즐기는 곳이다. 얼마 전 내린 눈으로 부코비차 마을로 가는 길은 사라져버렸다.

두르미토르 산 중앙부에 있는 도시 자블라크에 진입했다. 두르미토

제2차 세계대전이 시작할 즈음 완공된 타라교

르의 첫 번째 목적지는 '츠르노 예제로'로 '검은 호수'라는 뜻이다. 자블라크에서 10분 거리에 있는 검은 호수는 높은 산과 흑송으로 둘러싸여 있어 실제로 호수가 검게 보인다고 한다. 혹시나 했지만, 역시 검은 호수는 눈에 덮여 온통 하얗다. 사진에서 보았던 검은 호수의 형체는 지금 전혀 가늠할 수가 없다. 겨울 관광지도 겨울에 오면 안 좋은 점이 있다. 호수 주변은 산책 금지라는 표지판이 붙어 있었다.

　365m 길이의 타라교는 제2차 세계대전이 시작될 즈음 완공됐다. '유럽의 눈물'이라고 불리는 타라 강 위에 세워진 이 다리의 높이는 165m나 된다. 다리 초입에는 타라교의 건설에 참여했던 한 건축가의 안타까운 죽음을 기리는 추모비가 세워져 있다. 옛 유고슬라비아의 국민해방운동의 일원이었던 라자르 조코비치의 추모비였다. 그는 나치에 반대하는 파르티잔이자 타라교의 엔지니어였다. 조코비치는 독일과 이탈

고유의 전통을 간직한 자블라크 마을

리아 군대의 전진을 막기 위해 자신이 세운 다리를 직접 폭파시킨 후 체포됐고, 바로 타라교 위에서 사형을 당하고 말았다. 다리는 1946년에 재건됐다.

높고 험한 지형과 많은 눈 덕분에 자블라크는 고유의 전통이 많이 남아 있는 편이다. 몬테네그로 전통음식을 만드는 식당에 갔다. 식당 안에는 오래된 물건들이 즐비하다. 발칸 지역의 전통악기 구슬레도 있었다. 마침 연주를 들려주겠다며 손님 하나가 나섰다. 가락은 끊어질 듯 구슬프지만 꽤 남성적인 음악이었다. 구슬레로 연주하는 곡은 대부분 전쟁이나 국가 영웅에 대한 노래였다. 몬테네그로의 역사는 구슬레로 전해지고 단단해졌다.

밀가루와 옥수수로 만드는 카차막과 두르미토르식 요구르트 키셀오 믈레코, 치즈 스틱 맛이 나는 프리가니체가 식탁 위에 차려졌다. 모두

발칸 지역의 전통악기 구슬레를 연주하는 모습

처음 보는 음식들이다. 키셀오 플레코는 그릇을 거꾸로 들어도 쏟아지지 않는 희한한 요구르트다. 치즈가 기본적으로 들어간 음식들이지만 거기에 또 치즈나 꿀을 함께 먹는다. 우리와 마찬가지로 대접한 음식을 깨끗이 비우기를 바라는 게 이곳 정서지만, 치즈 범벅인 음식을 다 비우는 건 솔직히 버거웠다. 그래도 먼 타지에서 밥정을 쌓는 훈훈함만은 진하게 느껴졌다.

유럽의 모든 환경을 갖고 있는 유럽 속의 작은 유럽 몬테네그로의 미래를 기대해본다.

몬테네그로 전통음식들

밀가루와 옥수수로 만드는 카차막,
두르미토르식 요구르트 키셀오 믈
레코, 치즈 스틱 맛이 나는 프리가
니체로 차려진 식탁